JN237919

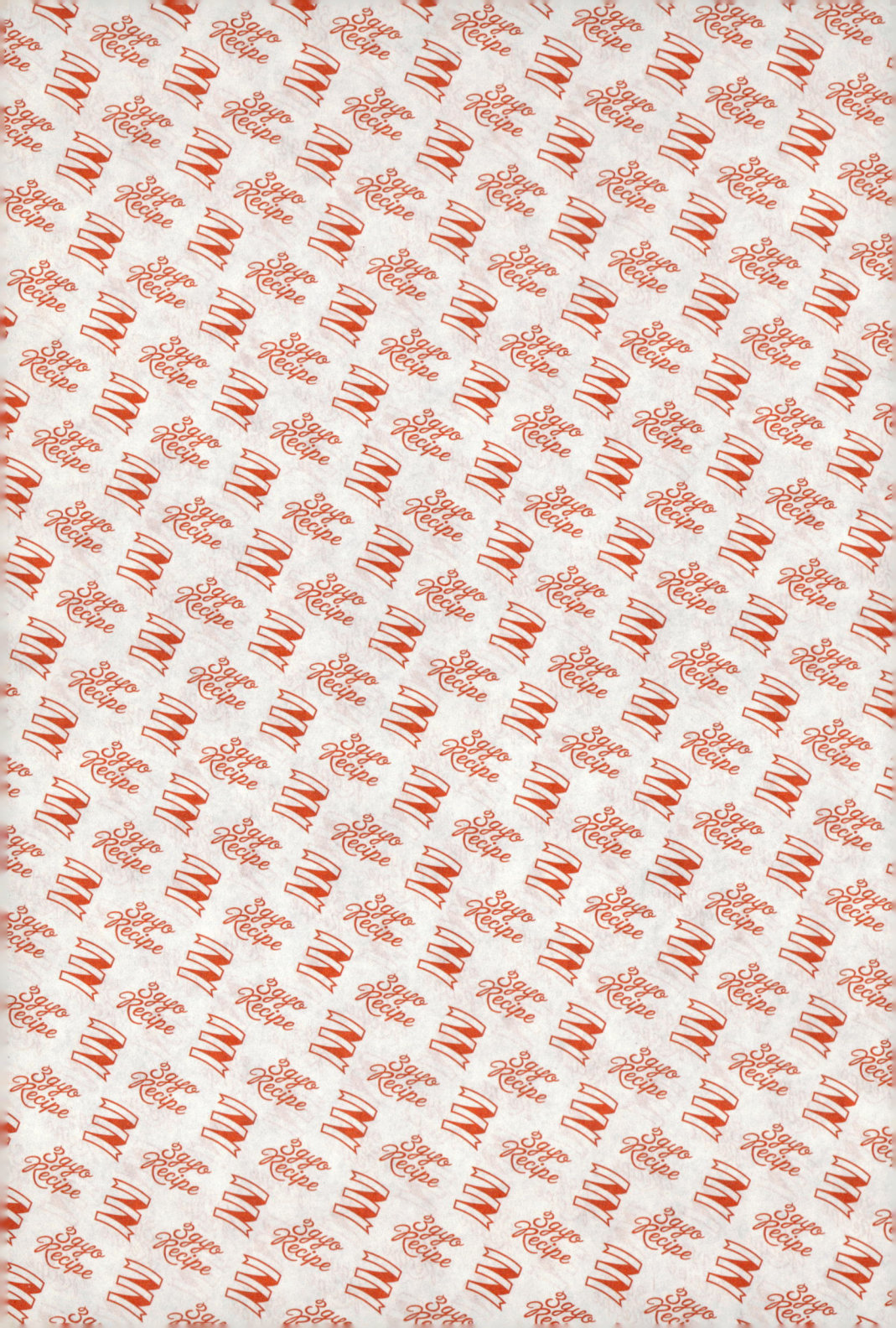

クリエイターのための 3 行レシピ

地図デザイン
Illustrator & Photoshop

TOKUMA / bowlgraphics 著

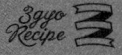

Published by SHOEISHA CO.,LTD.
WWW.SHOEISHA.CO.JP

本書内容に関するお問い合わせについて

このたびは翔泳社の書籍をお買い上げいただき、誠にありがとうございます。弊社では、読者の皆様からのお問い合わせに適切に対応させていただくため、以下のガイドラインへのご協力をお願い致しております。下記項目をお読みいただき、手順に従ってお問い合わせください。

ご質問される前に

弊社 Web サイトの「正誤表」や「出版物 Q&A」をご確認ください。これまでに判明した正誤や追加情報、過去のお問い合わせへの回答（FAQ）、的確なお問い合わせ方法などが掲載されています。

 正誤表   http://www.seshop.com/book/errata/
 出版物 Q&A http://www.seshop.com/book/qa/

お読みいただき、手順に従ってお問い合わせください。

回答について

回答は、ご質問いただいた手段によってご返事申し上げます。ご質問の内容によっては、回答に数日ないしはそれ以上の期間を要する場合があります。

ご質問に際してのご注意

本書の対象を越えるもの、記述個所を特定されないもの、また読者固有の環境に起因するご質問等にはお答えできませんので、あらかじめご了承ください。

ご質問方法

弊社 Web サイトの書籍専用質問フォーム（http://www.seshop.com/book/qa/）をご利用ください（お電話や電子メールによるお問い合わせについては、原則としてお受けしておりません）。

※質問専用シートのお取り寄せについて

Web サイトにアクセスする手段をお持ちでない方は、ご氏名、ご送付先（ご住所／郵便番号／電話番号または FAX 番号／電子メールアドレス）および「質問専用シート送付希望」と明記のうえ、電子メール（qaform@shoeisha.com）、FAX、郵便（80 円切手をご同封願います）のいずれかにて " 編集部読者サポート係 " までお申し込みください。お申し込みの手段によって、折り返し質問シートをお送りいたします。シートに必要事項を漏れなく記入し、" 編集部読者サポート係 " まで FAX または郵便にてご返送ください。

郵便物送付先および FAX 番号 送付先住所 〒160-0006 東京都新宿区舟町 5
              FAX 番号 03-5362-3818
              宛　　先 （株）翔泳社 編集部読者サポート係

※本書に記載された URL 等は予告なく変更される場合があります。
※本書の出版にあたっては正確な記述につとめましたが、著者や出版社などのいずれも、本書の内容に対してなんらかの保証をするもので　はなく、内容やサンプルに基づくいかなる運用結果に関してもいっさいの責任を負いません。
※本書に記載されている会社名、製品名はそれぞれ各社の商標および登録商標です。

はじめに

　地図を制作するにあたり一番重要なのは、情報が正確であることです。どんなにかっこよく、美しく作られた地図であっても、利用者が迷ってしまうようでは、地図として本来の目的を果たせません。まずは、正確な情報を丁寧に盛り込んでいくことが大切です。

　一般的に地図は、実際に私たちが暮らしている世界を小さな縮尺で描いた図であるため、情報を複雑に増やそうと思えばいくらでも可能です。しかし、ただ多くの情報を盛り込むだけでは、分かりにくい地図になってしまいます。

　そこで、盛り込む情報を見極め、優先順位を決めていく作業が必要となります。配色、線の使い方、イラスト・ピクトグラムの用い方、書体選びを通じて、情報の優先度を明確にしてあげることによって、利用者は迷うことなく目的地に到達できたり、その場所を把握できるようになるのです。

　さらに、情報のテーマに応じたイメージや、紹介する地域のイメージなどのエッセンスをプラスすることで、地図に個性や表情が生まれ、親しみを持って利用者に受け入れられます。地図とは、デザイナーのセンスと努力が問われるダイアグラムなのです。

　本書「クリエイターのための3行レシピ 地図デザイン」では、Illustratorを用いて地図を制作する際の様々なテクニックを45レシピ紹介していきます。Illustratorは、地図を作成するのに大変に便利なソフトです。多様なイラストが制作可能で、文字組みも充分に行うことができます。情報をレイヤー化することで作業効率も高まります。これからIllustratorを使いこなして行きたいという人は、地図制作を通じて様々な使い方をマスターできるでしょう。

　地図を作るという行為は、その土地の知識を増やしてくれ、私たちの知の世界を広げてくれます。また、制作しながら実際に訪れた時を想像したりと、大変楽しい作業です。

　本書が地図を制作する際にお役に立てれば幸いです。

Profile

TOKUMA ／ bowlgraphics（トクマ／ボウルグラフィックス）
イラストレーター、グラフィックデザイナー、アートディレクター。2002年にbowlgraphicsを設立、フリーランスとして活動開始。雑誌媒体や広告、Webサイトなどで、インフォメーション・グラフィックを多く手がける。またWebサイトやロゴデザイン、各種印刷物の制作に携わり、グラフィック全般を取り扱う。
http://www.bowlgraphics.net/

下ごしらえ／Introduction

色とパターンの下ごしらえ	008
オブジェクトの下ごしらえ	012
文字の下ごしらえ	015
データの下ごしらえ	018
地図の描き順	022

基礎レシピ：地図制作の基本テクニック

Recipe 01	道路のセンターへ名称を配置する方法 〜直線〜	028
Recipe 02	道路のセンターへ名称を配置する方法 〜曲線〜	030
Recipe 03	道幅にメリハリを与えてデフォルメする方法	032
Recipe 04	配色による情報整理の方法	034
Recipe 05	立体交差道路を描く方法	036
Recipe 06	簡単にトンネルを表現する方法	038
Recipe 07	破線を利用して鉄道路線を描く方法	040
Recipe 08	袋線で道路を描く方法	042
Recipe 09	方位マークの作り方	044

Recipe 10	密集した情報の表記の仕方	046
Recipe 11	鳥瞰図に見せる方法 〜その1〜	048
Recipe 12	鳥瞰図に見せる方法 〜その2〜	050
Recipe 13	鳥瞰図に見せる方法 〜その3〜	052
Recipe 14	座標グリッドの作り方	054
Recipe 15	ショップ紹介記事などに使用するミニマップの作り方	056

応用レシピ：幅広い地図の表現

Recipe 16	パターンを利用して2色のみで作成した箱根周辺地図	060
Recipe 17	パターンを利用して1色のみで作成したリージェントパークマップ	062
Recipe 18	同系色で作成した六本木界隈のミュージアムマップ	064
Recipe 19	高速道路をビジュアルアクセントにしたユトレヒト郊外地図	066
Recipe 20	恵比寿駅を中心に紹介ポイントを配置したガイドマップ	068

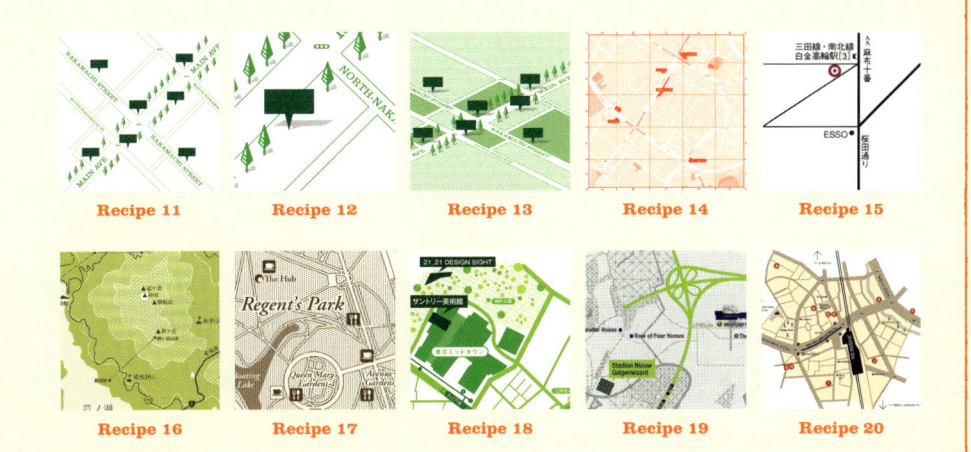

Recipe 11　Recipe 12　Recipe 13　Recipe 14　Recipe 15

Recipe 16　Recipe 17　Recipe 18　Recipe 19　Recipe 20

Recipe 21	ランドマークをイラストで表現した上野公園周辺地図	070
Recipe 22	ランドマークをイラストで表現した目黒通りストリートマップ	072
Recipe 23	汐留エリアの高層ビル群をイメージさせる地図	074
Recipe 24	運河に影を加えて立体感を演出したアムステルダムの地図	076
Recipe 25	海を段階的なグラデーションで配色したニュージーランドの地図	078
Recipe 26	遠近感のあるハワイ島のパノラマ地図	080
Recipe 27	立体的に描いたシチリア島の地図	082
Recipe 28	アイコンと名称を併記したワイキキ・エリアマップ	084
Recipe 29	駅からカフェまでのアクセスをフキダシを使って詳しく伝えている地図	086
Recipe 30	ドバイの位置を示すための周辺広域地図	088
Recipe 31	プラハの位置を示すための周辺広域地図	090
Recipe 32	カラフルなドットで表現した北欧の地図	092
Recipe 33	角度制限で描かれた英国の地図	094
Recipe 34	角度制限で描かれたカナダ山間部の地図	096
Recipe 35	手描きの雰囲気を演出した京都・祇園の地図	098
Recipe 36	葉の形をベースにした花屋のアクセスマップ	100

Recipe 37	テープのイメージを活かした原宿キャットストリートマップ	102
Recipe 38	マスキングテープで作る引っ越しお知らせ地図	104
Recipe 39	コルク栓で森や公園を描いた横浜みなとみらい周辺地図	106
Recipe 40	古く色褪せた雰囲気を演出したフランス・ディジョンの地図	108
Recipe 41	カテゴリー・アイコンの実例紹介 旅行記事のための分類アイコン	110
Recipe 42	カテゴリー・カラーの実例紹介 New York City Map	112
Recipe 43	2色で見せるカテゴリー・カラーの実例紹介 Manhattan Map	114
Recipe 44	レイヤー構成の実例紹介 ART&CULTURE YOKOHAMA MAP	116
Recipe 45	スウォッチパネルの実例紹介 Paris Map	118

資料集／Archives

	様々な表現の地図	120
	地図を作るための参考資料	126

Windows ユーザーの方へ

本書は Mac での操作を前提に表記しておりますが、内容は Mac と Windows の両プラットホームに対応しています。以下のキーボードの違いを考慮いただければ、Windows ユーザーの方でも問題なくご利用になれます。

Mac	Windows
⌘キー	Ctrl キー
Option キー	Alt キー
Return キー	Enter キー
Control キー＋Click	右Click

Introduction
下ごしらえ

Adobe Illustrator には大変多くの機能がありますが、その中でも地図を作る際に役立つ機能を紹介いたします。これらをマスターしておくと効率よく地図を作成できます。

色とパターンの下ごしらえ

CMYKとRGB

CMYKは、C（シアン）・M（マゼンタ）・Y（イエロー）・K（ブラック）4色の配合比率で色を表現する方式です。印刷で使用する地図はCMYKモードで作成します。RGBは、R（レッド）・G（グリーン）・B（ブルー）の光の3原色で表現する方式で、Webサイトなどのモニターで使用する地図はRGBモードで作成します。本書内では印刷を前提としたCMYKモードで作成しています。

CMYK

C / M / Y / K

RGB

R / G / B

CMYKモードにするには新規書類を作成する際に、ダイアログ内の詳細内にあるカラーモードでCMYKを選択するか❶、作業中であれば［ファイル］メニューの［ドキュメントのカラーモード］で変更できます。

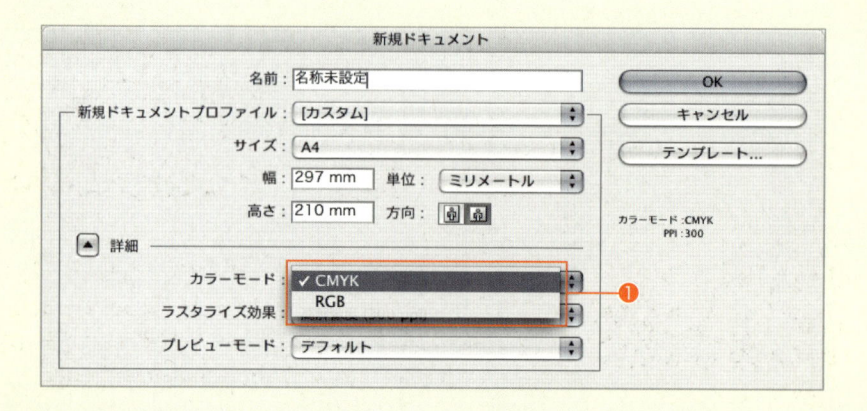

線と塗りの色設定

Illustratorで扱うオブジェクトは、線と塗り要素で構成されています。オブジェクトを選択すると、［ツール］パネルの下部❶や［コントロール］パネルの左部❷、［カラー］パネル❸で表示されます。

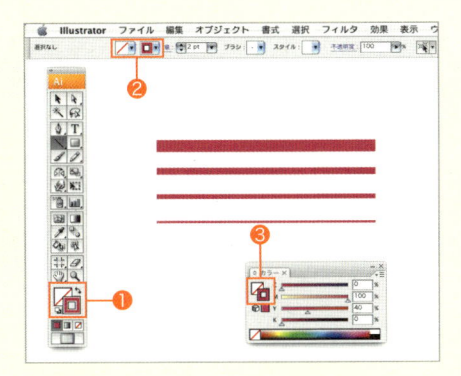

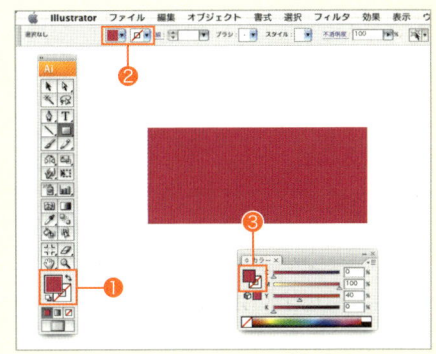

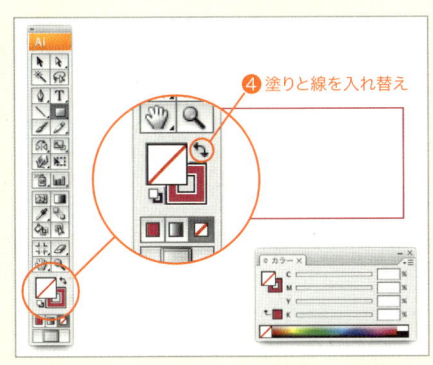

［ツール］パネルの下部にある［塗りと線を入れ替え］をクリックすると❹、塗りと線の色を逆にすることができます。

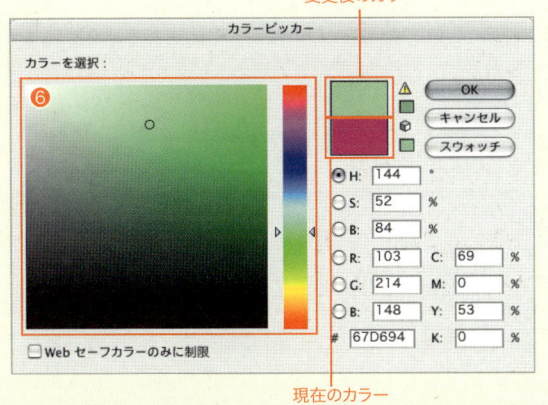

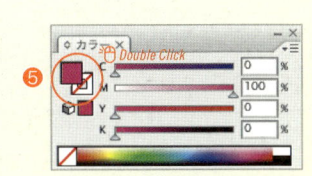

［カラー］パネル❺をダブルクリックすると表示される［カラーピッカー］❻で感覚的に色を変更することもできます。

カラースウォッチの登録

地図を描く際、道路やランドマーク、緑地のようにいくつも使うオブジェクトがありますが、それらの色はあらかじめ決めておき、スウォッチとして登録しておくと便利です。［スウォッチ］パネルのパネルメニュー❶から、［新規スウォッチ］を選択すると、［新規スウォッチ］ダイアログが表示されます。CMYKのスライダを調整してカラーを作成します❷。さらに［グローバル］にチェックを入れて❸［OK］をクリックすると、色が［グローバル］カラーとして設定されます。

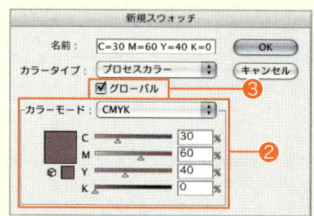

memo
CS3以降で［名前］を入力しない場合、カラー構成のCMYK値がそのまま名称として適用されます。

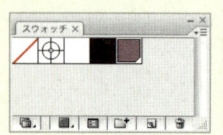

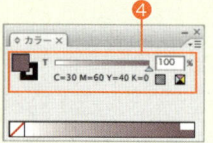

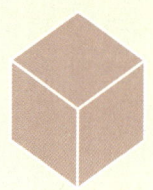

［グローバル］カラーが適用されているオブジェクトを選択し、［カラー］パネルを確認するとスライダの操作で色合いを保ったまま、オブジェクトのカラー濃度を変更することが可能です❹。

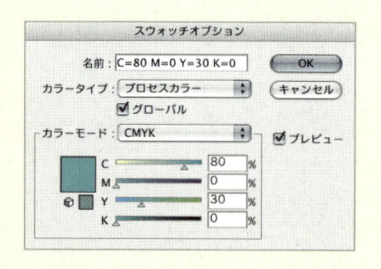

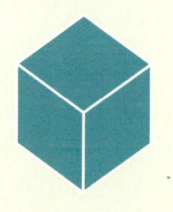

再度［スウォッチオプション］ダイアログを表示させCMYK値を変更すると、グローバルカラーが適用されていた全てのオブジェクトカラーを一度に変更することができます。地図作成の場合、各要素ごとにグローバルカラーでスウォッチに登録しておくことで、道路や公園、ランドマークなど複数点在するオブジェクトを同時に色調整できます。

パターンの登録

地図を4色フルカラーで制作する場合、公園であれば緑の色面を使用するなど、要素ごとに色分けすると見やすくなります。しかし、1色だけで表現しなくてはならない場合など、色数が限定されている場合は、パターンを用いることで変化をつけることができます。

途切れのない連続したパターンを作成するためには、塗りと線の設定をなしにした四角形を背面に配置して❶、天地左右のオブジェクトを半分に切った位置に調整します。このオブジェクトを［スウォッチ］パネルへドラッグ＆ドロップすると❷、パターンが登録されます。

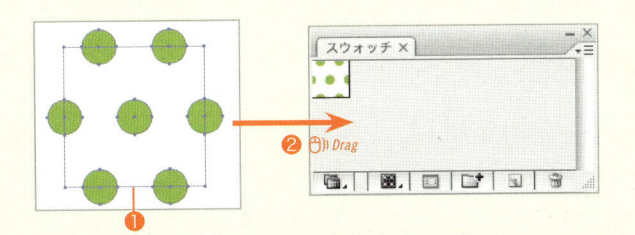

memo
このパターンにグローバルカラーを用いると、カラー設定を変更するとパターンに使われたカラーも同時に変更されますので、色の調整作業での作業効率が上がります。

ちなみに、背面に四角形を配置せず、位置調整も行わずにパターンを作成すると、図のような不揃いなパターンになってしまいます❸。失敗というわけではありませんが、美しくはありません。

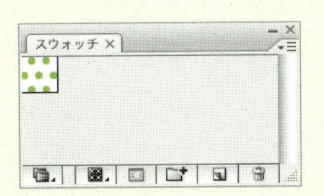

オブジェクトの下ごしらえ

オブジェクトの複製

地図は構成要素も多く、必然的に多くのオブジェクトを使用します。さらに、目印となるアイコン（交差点の信号マークなど）や、道路そのもの、公園を演出するための木のイラストであったりと、同じオブジェクトを多く複製して用いることがあります。複製方法を覚えて効率よく作業しましょう。

Step 01 まずは、マウスドラッグによる直感的な操作による複製方法です。複製したいオブジェクトを選択し、[Option]キーを押しながらドラッグすると複製するガイドが表示されます。マウスボタンを放した位置にオブジェクトは複製されます。またドラッグする際、さらに[Shift]キーも同時に押すと同軸上に複製することが可能です。

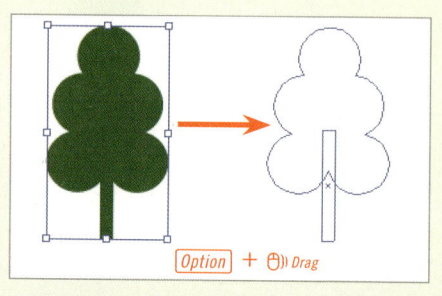

Step 02 連続して複製する際は[オブジェクト]メニューから［変形］→［変形の繰り返し］を選択し❶、繰り返すことで等間隔に複製を増やすことができます。ショートカットの⌘+[D]も覚えておくと便利です。

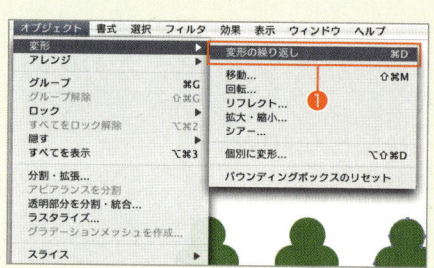

Step 03 また、数値を入力して、複製先の位置を指定して複製する方法もあります。複製したいオブジェクトを選択し、[Return]キーを押して［移動］ダイアログを表示させます。もしくは、[オブジェクト]メニューから[変形]→［移動］を選んでも同様にダイアログが表示されます。入力ボックスに任意の数値を入力して❷、［コピー］をクリックして適用させます❸。パターンを作成する際など、正確な位置の移動を要求される際に役立ちます。

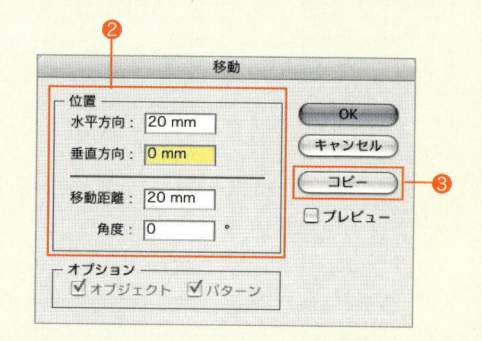

オブジェクトの配置

地図上に形の違うランドマークを複数配置する場合、道沿いに各オブジェクトの位置を全て一定に配置すると見やすい地図となります。

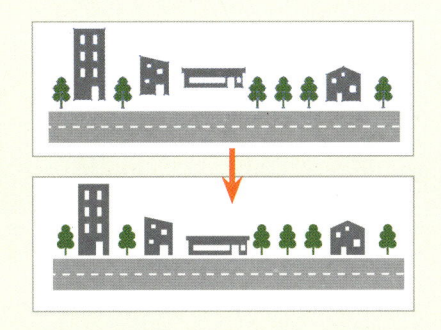

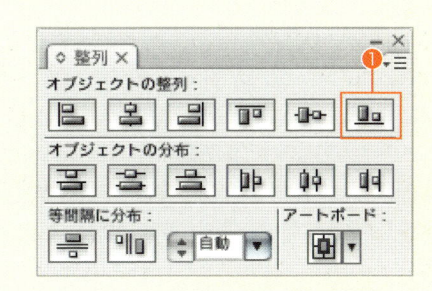

各建物や街路樹のイラストオブジェクトの底辺の位置を、下に配置している道路に沿って揃えます。まずは［選択］ツールで複数のオブジェクトを選択し、［整列］パネルの［オブジェクトの整列］セクションにある［垂直方向下に整列］ボタンをクリックして整列させます❶。

> **memo**
> 複数のオブジェクトで構成されているイラストは、必ずグループ化しておきます。

オブジェクトの重ね順

地図は多くのオブジェクトで構成されていますが、必ずしも一番下の構成要素から描き始める必要はありません。あとから描いたものの重ね順を変更するほうが合理的です。

［選択］ツールで、重なり順を変更したい緑色のオブジェクトを選択し、［オブジェクト］メニューから［アレンジ］（CS4では［重ね順］）→［最背面へ］を選び、階層を移動させます❷。重ね順を理解しておけば、背面に隠すことが分かっているオブジェクトに関しては、ざっくりとラフに描画出来るので作業負担も軽減できます。

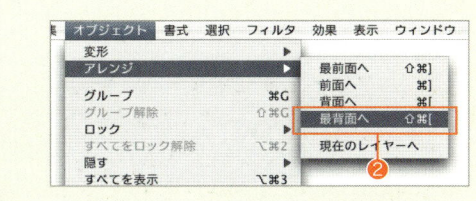

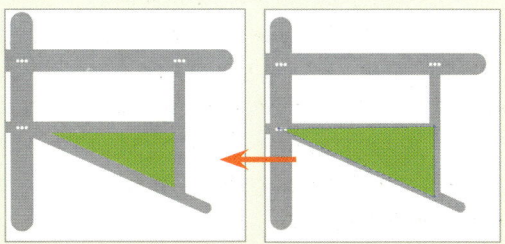

アイコンの作成

ランドマークにちょっとしたアイコンを描き加えるだけで、地図がより分かりやすく、より楽しく見えてきます。単純な図形は［パスファインダ］パネルを使えば、効率的に作成できます。サンプルは本書内レシピのカテゴリー用アイコンのひとつの作り方です。

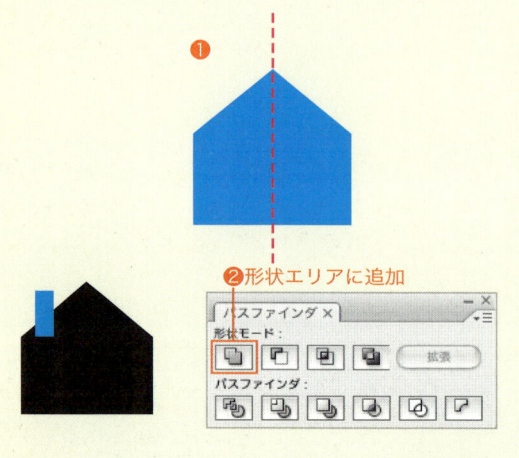

Step 01 ［長方形］ツールで描画した四角形の上辺の中央にアンカーポイントを追加して家の形を作ります❶。煙突要素である四角形を家の屋根の位置に配置して、オブジェクトを両方選択したら、［パスファインダ］パネルの［形状エリアに追加］ボタンをクリックします❷。

❷形状エリアに追加

Step 02 次に窓の要素である四角形を家オブジェクトの上に重ね、全て選択したら、［パスファインダ］パネルの［重なり合う形状エリアを除外］ボタンをクリックします❸。同様に玄関要素である四角形を配置して、オブジェクトを両方選択したら、［パスファインダ］パネルの［形状エリアから前面オブジェクトで型抜き］ボタンをクリックします❹。

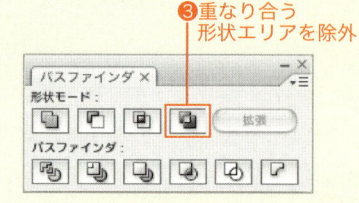

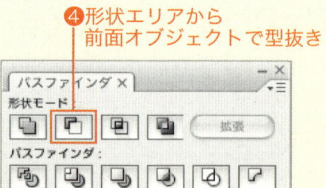

❸重なり合う形状エリアを除外

❹形状エリアから前面オブジェクトで型抜き

Step 03 これでアイコンの完成です。このように、［パスファインダ］パネルを使いこなすことで複雑なオブジェクトも簡単に作成できます。

文字の下ごしらえ

地図上で文字を扱うケースは、主に名称表記となります。文章を組むと言うより、各ポイントに名前を配置するだけなので、難しい文字組みルールの知識がなくても大丈夫です。しかし、基本的な文字詰めや揃えなどを調整するのとしないのとでは、仕上がりも変わってきます。

文字の行揃え

ランドマークの紹介ポイントの名称を地図上にテキストで配置する際は、状況に応じて行揃えを使い分けて文字組みをします。ポイント位置を基準に揃えの方向を決めます。このような設定にしておくと、複数コピーして使う場合や、文字の修正などがあり字数が変わってしまった場合でもデザインが崩れないので、修正作業も楽になり作業効率が上がります。

左揃え

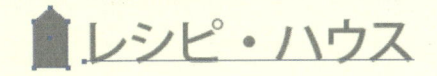

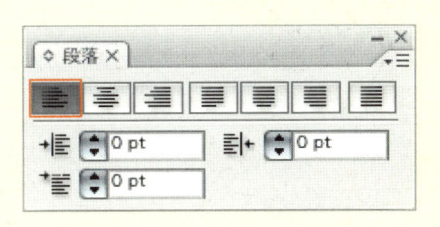

右揃え

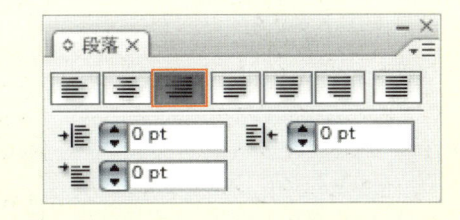

中央揃え

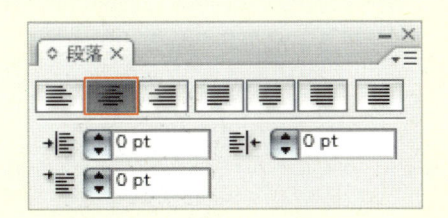

パス上文字の設定

地図上に道の名称をテキストで配置する際、曲線の道の場合は［パス上文字］ツールを使ってパスに沿って文字を入力します。

Step 01 パス上を［パス上文字］ツールでクリックします❶。クリックした位置でカーソルが点滅しますので、文字を入力するとパスに沿って表示されます。

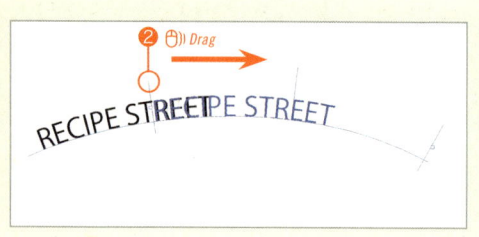

Step 02 テキストを［選択］ツールで選択すると、文字列の先頭、中間点、末尾にブラケットが表示されます。ブラケットを掴んでドラッグすると、文字位置を変更できます❷。地図の道上の文字は、他の地図要素と重ならないように位置を調整することが多いので、この方法を覚えておくと便利です。

Step 03 パスに沿って道の名称を流し込めば、道の塗りの中に配置したり、塗りの外へ道の線に沿って配置させることができます。道の線の太さに応じて［文字］パネル内のベースラインシフトの設定を変更することで調整可能です❸。

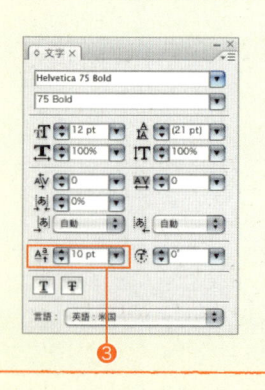

文字の縁取り

地図に配置される文字は、見やすさ、読みやすさが要求されます。とはいえ、全ての文字要素を黒文字で主張してしまうと、何が一番重要な情報であるのかが分かりにくくなってしまいます。情報の優先度による表現の差別化を維持しながら、読みやすさも維持することが求められます。

Step 01 右のサンプルでは道や背景（パターン）と文字が同じ色で表現されており、文字を判読することが困難になっています。そこで、文字の縁取りを行います。

Step 02 ［選択］ツールで文字を選択し、［アピアランス］パネルのメニューから［新規線を追加］を選びます❶。［アピアランス］パネル上で新しい線を選択し❷、［カラー］パネルや［線］パネルなどで色や線幅を調整します❸。サンプルでは分かりやすいように線を黄色にしています。

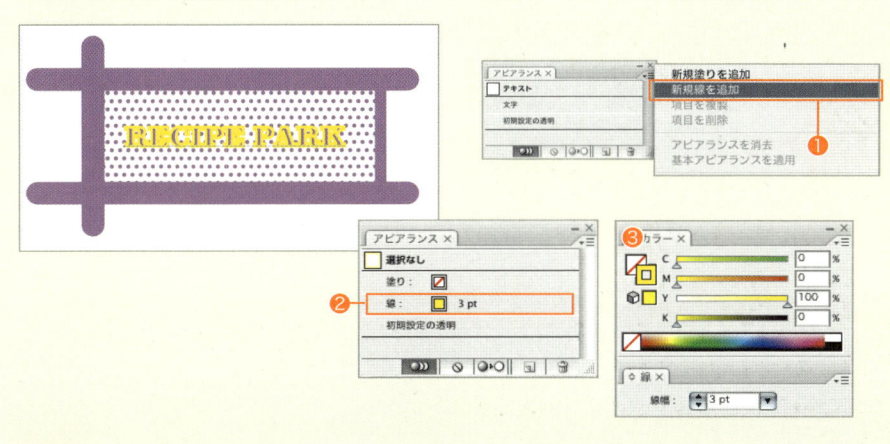

Step 03 そのまま縁取りにしておくと文字が読みにくいので、［アピアランス］パネル内で線の設定を最背面へドラッグして移動させます❹。

データの下ごしらえ

制作環境の準備

地図を作るとき、Illustrator を起動したら、まずは新規ドキュメントを作成しますが、いきなり地図を描き始めるのではなく、その前にやっておくべき制作環境の設定があります。

Step 01　［ファイル］メニューから［新規］を選び［新規ドキュメント］ダイアログを表示させます。作りたい地図が印刷用であれば、［新規ドキュメントプロファイル］では［プリント］を選択します❶（本書内では主に印刷を前提として作成します）。すると、［カラーモード］は［CMYK］❷、［ラスタライズ効果］は［高解像度（300ppi）］❸に自動で設定されます。また、サイズは実際に制作する地図よりもひとまわり大きなサイズを設定します。これは確認作業などを行う際に、トンボも一緒に出力させるためです。最後に［OK］ボタンをクリックすると新規ドキュメントが開きます。

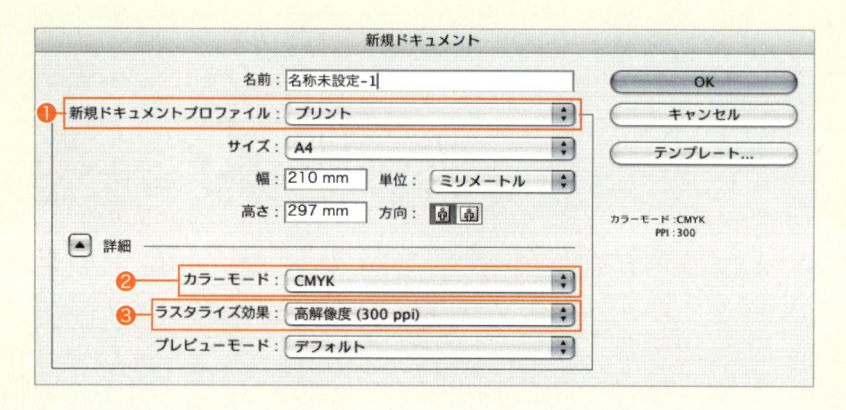

Step 02　新規ドキュメントを作成したら、［レイヤー］パネルから［新規レイヤー］を選び、作業内容ごとに別レイヤーを設定します。基本的に印刷用のトンボ、ガイド、地図のテキスト情報、地図のアートワークと分けておくことをおすすめします。地図のアートワークに関しては、複雑な地図になればなるほど、道路や鉄道、背景色などと細分化したレイヤーを設ける必要性も生じてきます。

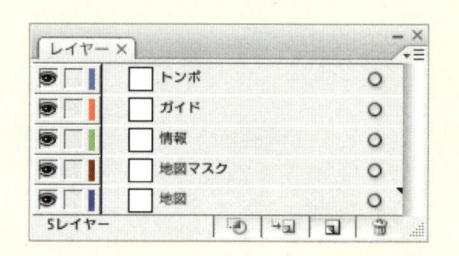

地図マスクとは？

「地図マスク」は、地図を作成する際に大いに役立ちます。通常地図を作成する際には、印刷面より大きめに地図を作成し、印刷する範囲だけを最終的にマスキングしますが、「地図マスク」を作っておくことで、作業中でも仕上がりイメージを確認することができます。

地図マスクの準備

では、地図用マスクの作り方を覚えておきましょう。まずはマスク用のレイヤーに、塗り足しサイズの四角いオブジェクトを配置します。それを選択したままコピー＆背面にペーストし、制作中のオブジェクトが全て隠れるように大きめに拡大します。先ほどのオブジェクトと両方選択し、［パスファインダ］パネルの［形状モード］→［重なり合う形状エリアを除外］ボタンをクリックして、疑似マスクオブジェクトを作成します。あとは、このレイヤーを表示・非表示などしながら、効率よく作業を進めましょう。

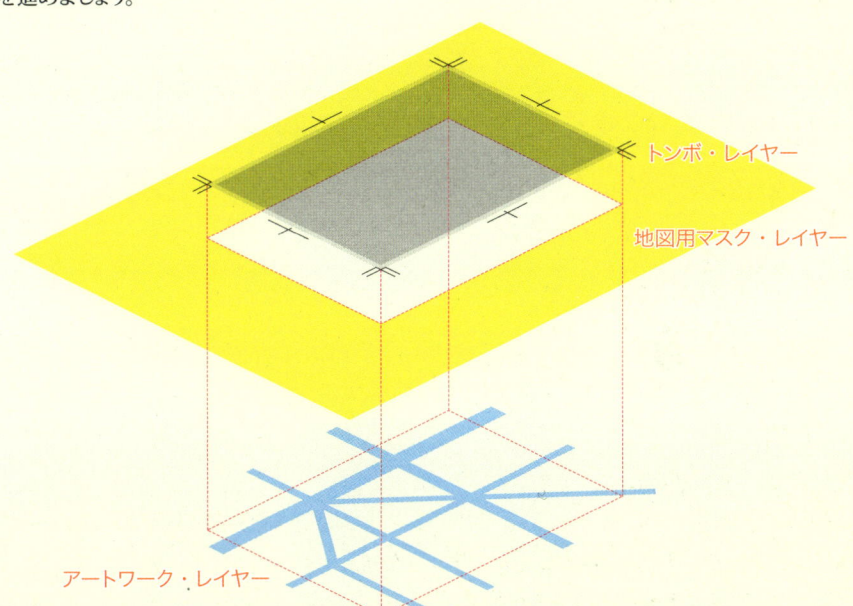

トンボ・レイヤー
地図用マスク・レイヤー
アートワーク・レイヤー

memo
地図用マスクは、最終的に塗りは白に設定しますが、制作中は黒やグレーなど違った色の設定にしておくと、作業がしやすくなります。

作業中のデータ保存

データの保存に関しては、作業中の注意点と納品（入稿）時の注意点のふたつがあります。まず、作業中の注意点は⌘＋Sを定期的に行うことに尽きます。これはデータ保存のショートカットキーです。コンピューターは時折りフリーズするものです。ですから保存は呼吸をするのと同じぐらい、自然に行えるようにしておきましょう。被害を最小限に食い止めることが出来ます。

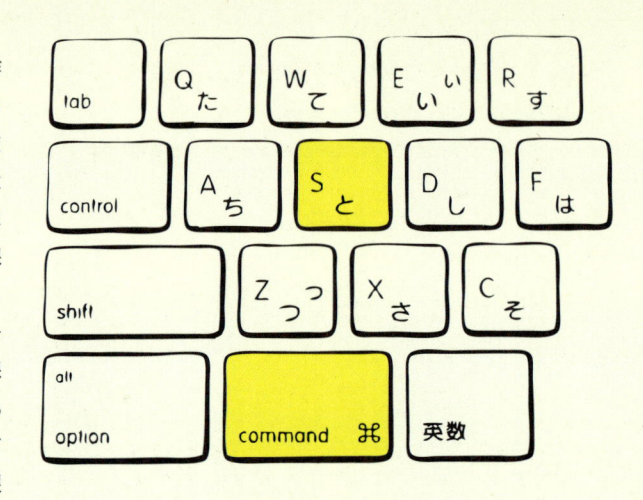

納品時のデータ保存の注意点

次に、納品時におけるデータ保存の注意点です。まずは、データ上にある不要なオブジェクトや情報は全て捨てます。トレースに用いた画像やレイヤー、印刷に不要なレイアウト用のガイドラインも削除します。ガイドレイヤーを設けていた場合は、レイヤーをそのまま捨てますが、複数のレイヤーにガイドをつくっていた場合は、［表示］メニューから［ガイド］→［ガイドの消去］を選択して全て消去することも出来ます。さらに、このような納品用のデータを作成する場合は、上書き保存はせずに、元データとは別名で保存しておくと便利です。

例
| MAP_.ai（制作元データ） |
| MAP_091015.ai（納品データ） |

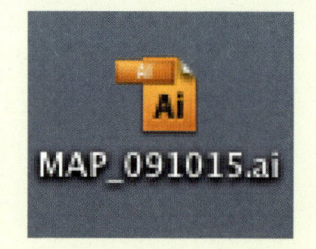

例のように納品時の日付などを名前に入れて、いつ制作納品されたデータであるか分かりやすくしておきます。地図の特性として、修正が何度かあることを覚悟しなければいけないのですが、このように別名で保存しておくことで、元データから修正の対応が出来るようにしておきます。

トレース用下絵の配置

Illustratorで地図を作成する際には、下地図を用意してトレースする作業も多々あります。このような場合では、下地図を配置する際に、［テンプレート］にチェックを入れて配置すると❶、自動的に濃度50%のロックされた状態で別レイヤーに配置されます❷。また、この配置された画像は印刷はされません。さらに、レイヤーオプションで［画像の表示濃度］の数値を変更して表示濃度を調節することも出来ます。

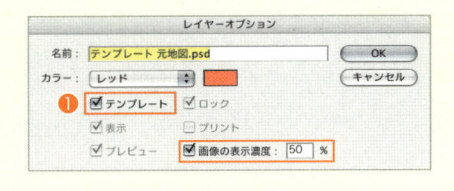

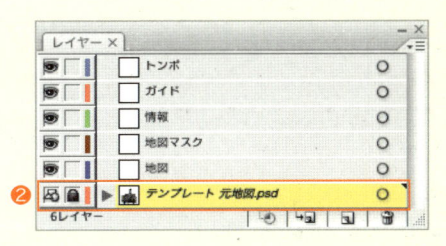

写真のトレース

写真から簡単にランドマークなどのイラストを作成する方法を紹介します。まず写真データをIllustratorで開き、選択した状態で［オブジェクト］メニューから［ライブトレース］→［トレースオプション］を選択し、［トレースオプション］ダイアログを表示させます。［カラーモード］から［白黒］を選び❸、［プレビュー］にチェックを入れ確認しながら各種数値を調整します。ここでは筆者がデジカメで撮影した横浜マリンタワーの写真からランドマーク用にイラストを作成しました。

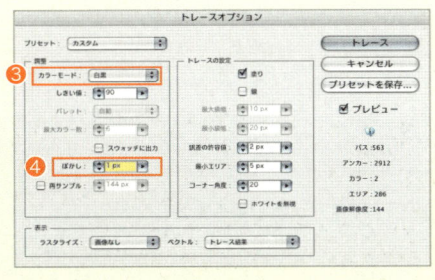

> **memo**
> 写真画像の場合、わずかに［ぼかし］を加えた方が、無駄なパスが減ってイラストらしい味わいある表現を作りやすいようです❹。

地図の描き順

ここでは、各レシピの基本となるシンプルな地図を例に、完成地図が出来るまでの制作の流れを見ていきましょう。

描き順その❶　下絵の準備

まずは下絵となる地図を準備します。右の手描き地図では紹介したい物件の周辺地図を想定しています。この段階で、「地図エリア」「紹介するポイントの位置」「ランドマーク」などの情報を整理しておきます。

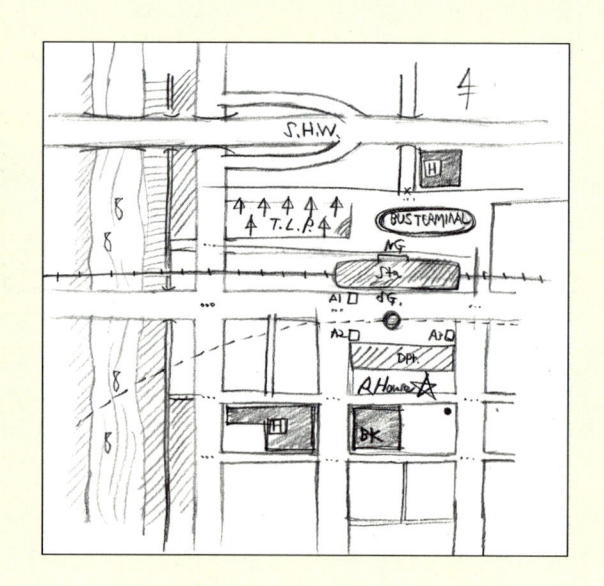

描き順その❷　道路を描く

トレース用に手描き地図を配置したら、［ペン］ツールで道をトレースしていきます。最初は、大通りからトレースをはじめ、徐々に細い道もトレースしていきます。トレースする際は下絵の地図と見くらべやすいように目立つ色で作図していきます。その際、スウォッチカラーをグローバルカラーに設定しておけば、描き終わった後、色を一括で変更できます。

描き順その❸　鉄道を描く

道路を描き終えたら、次は鉄道関係を描き込みます。道のレイヤーよりも上に新規レイヤーを設けて各要素ごとに描き加えていきます。また、道のレイヤーの下へ公園や川などの新規レイヤーを作成して背景を描き加えていきます。

memo
p.18 で、「作業内容ごとに別レイヤーを設ける」と書きましたが、さらに地図レイヤーもひとつではなく、地図の各構成要素毎にレイヤーを細分化していくことをおすすめします。

描き順その❹　要素ごとに配色する

要素別の各レイヤーにオブジェクトを描き込み終えたら、基本カラーを設定していきます。今回は分かりやすく緑地にはグリーン、川はブルー、道路などはグレーに設定しています。地上を通る鉄道とその駅にはイエローを使ってアクセントとしています。

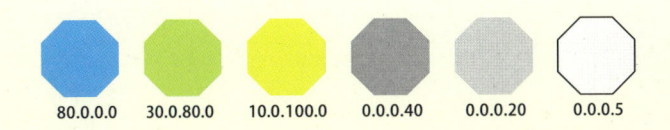

| 80.0.0.0 | 30.0.80.0 | 10.0.100.0 | 0.0.0.40 | 0.0.0.20 | 0.0.0.5 |

memo
普段私たちが目にする地図は著作権で保護されています。商用利用や不特定多数へ向けた地図を制作する際、無断でトレースしたり複製すると法律に触れてしまいます。下絵として正確な地図が必要な際には、地図制作者から許諾を得るか、国土地理院の地図を利用申請する方法があります（巻末資料集 p.127 を参照）。

描き順その❺　文字やランドマークの配置

地図のベースが仕上がったら、文字情報やランドマークなどを描き加えて、地図を完成させます。文字情報は、内容に応じてフォントの太さや色を変えることで、地図上の情報優先度が自然と伝わります。ランドマークは、建物全てではなく、通りの角など目印になる店や、誰もが知っているホテルやデパート、銀行などを配置します。

> ### memo
> その地図を利用する環境、利用するユーザー（閲覧者）を理解することで、無駄の少ない分かりやすい地図を作成することが出来ます。例えば、紹介するお店が夜に営業するレストランやバーである場合は、24時間営業のコンビニエンスストアをランドマークとして盛り込むと分かりやすい、といった具合です。

地図の描き順その❻　遊びの要素や装飾を加える

前段階で地図としては一応の完成はしていますが、本書の目的はただ地図を作成するだけではなく、分かりやすく、見ていて楽しくなる地図を完成させることです。間違い探しではありませんが、左ページと比較してこの地図では、7つの工夫が描き加えられています。ぱっと見ただけでは大差のない地図ですが、どこが違っているか探してみてください。

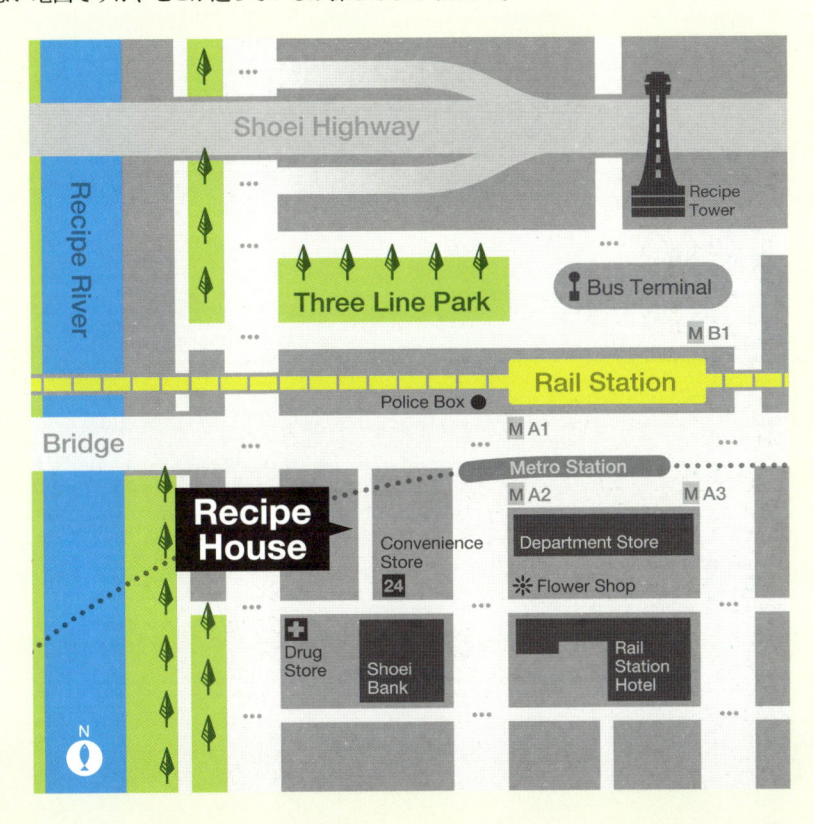

【答え】	
その1	緑地に木のアイコンがあります。
その2	「Recipe House」をフキダシに入れています。
その3	バスターミナルやフラワーショップ、コンビニ、ドラッグストアにアイコンが追加されています。
その4	「RecipeTower」がイラストになっています。
その5	地下鉄の出口に「M」マークを追加しています。
その6	左下の方位が魚のイラストになっています。
その7	「Metro Station」の文字が駅の曲線に沿っています。

ランドマークには、ピクトグラムのようなシンプルなイラストを用いても楽しい演出になります。また「その7」の文字調整に見られるような細部へのこだわりの積み重ねも大切です。以上で下ごしらえは準備OKです。次章から具体的なレシピを紹介していきますので、実際に地図を描く際の参考にしてみましょう。

3gyo Recipe

Title

基礎レシピ　　地図制作の基本テクニック

　私たちは日常生活において、インターネットの地図情報サービスや、カーナビ、携帯電話など、従来の地図帳以外にも、様々な地図のサービスを利用しています。地図はダイアグラムのひとつであるだけでなく、人々の社会生活において欠かせない情報媒体として存在しています。

　地図の利用者は、ただ地図を閲覧するだけでなく、実際に地図に描かれた地域を行動します。もしも地図の情報が間違っていたら、利用者は大変な苦労を強いられてしまうでしょう。地図を作る際にはそういった責任も伴ってくるのです。ですから、情報は正確に入れ、利用者が理解出来ないような極端な誇張表現を避けて、雑な仕上がりにならないように努めましょう。

　基礎レシピでは主に情報を丁寧に地図へ落とし込む方法や、情報の整理の仕方など、地図本来の目的を達成するための基本とディティールに関するテクニックを紹介していきます。

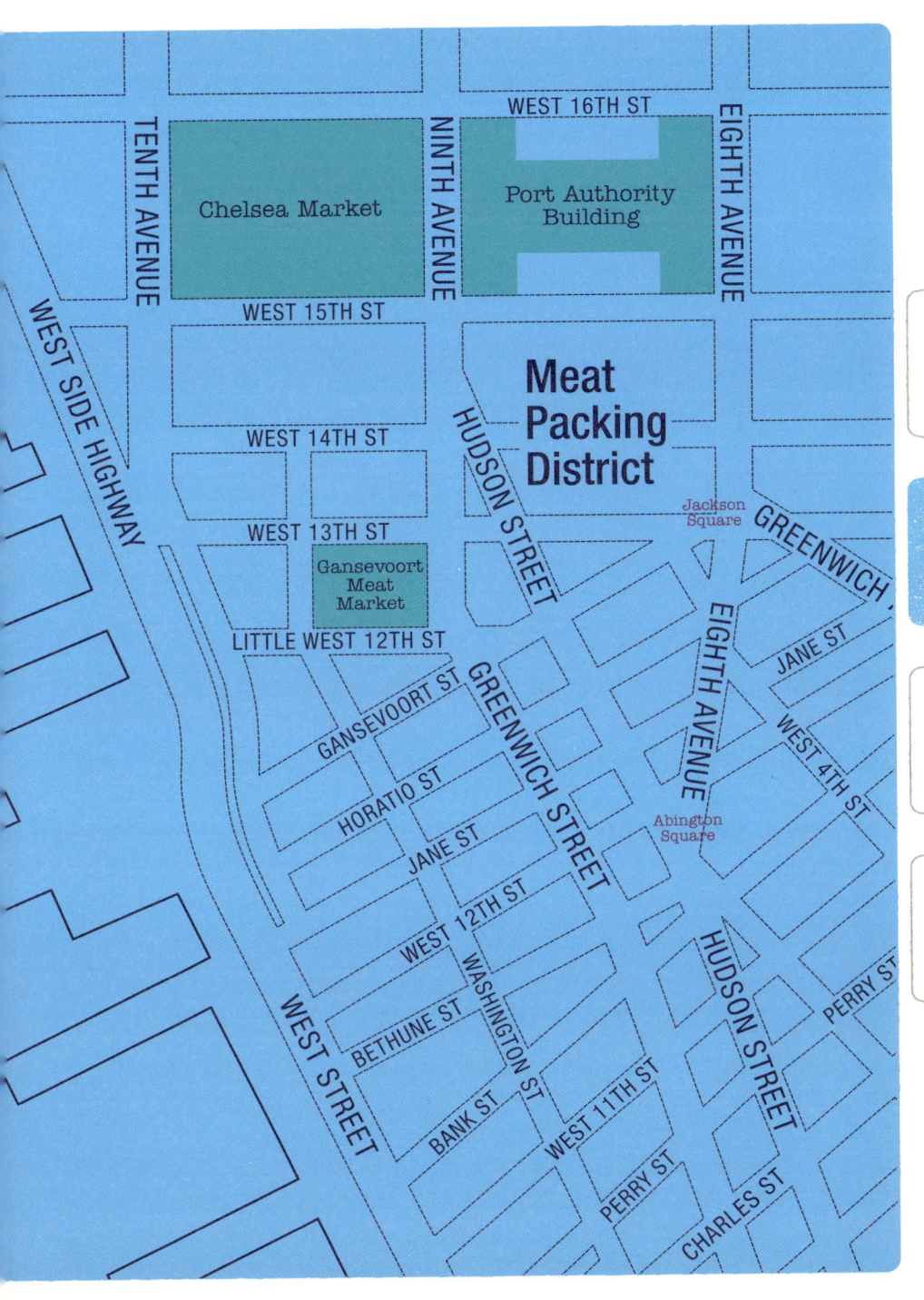

Meat Packing District

Map labels:
- TENTH AVENUE
- NINTH AVENUE
- EIGHTH AVENUE
- WEST SIDE HIGHWAY
- WEST 16TH ST
- WEST 15TH ST
- WEST 14TH ST
- WEST 13TH ST
- LITTLE WEST 12TH ST
- Chelsea Market
- Port Authority Building
- Gansevoort Meat Market
- HUDSON STREET
- GREENWICH ST
- GANSEVOORT ST
- HORATIO ST
- JANE ST
- WEST 12TH ST
- BETHUNE ST
- WASHINGTON ST
- BANK ST
- WEST 11TH ST
- PERRY ST
- CHARLES ST
- WEST 4TH ST
- WEST STREET
- Jackson Square
- Abington Square

下ごしらえ / 基礎レシピ / 応用レシピ / 資料集

Recipe 01

道路のセンターへ名称を配置する方法 　〜直線〜

🚗 道路の描き方

1 　道の角度に合わせて文字を配置する

2 　道幅に合わせて文字サイズを決める

3 　ベースラインシフトで位置を調整する

使用フォント： Helvetica 75 Bold ／ Helvetica 65 Medium ／ Helvetica 57 Condensed ／ Courier Std Medium
場所： アメリカ合衆国、ニューヨーク、アッパーイーストエリア

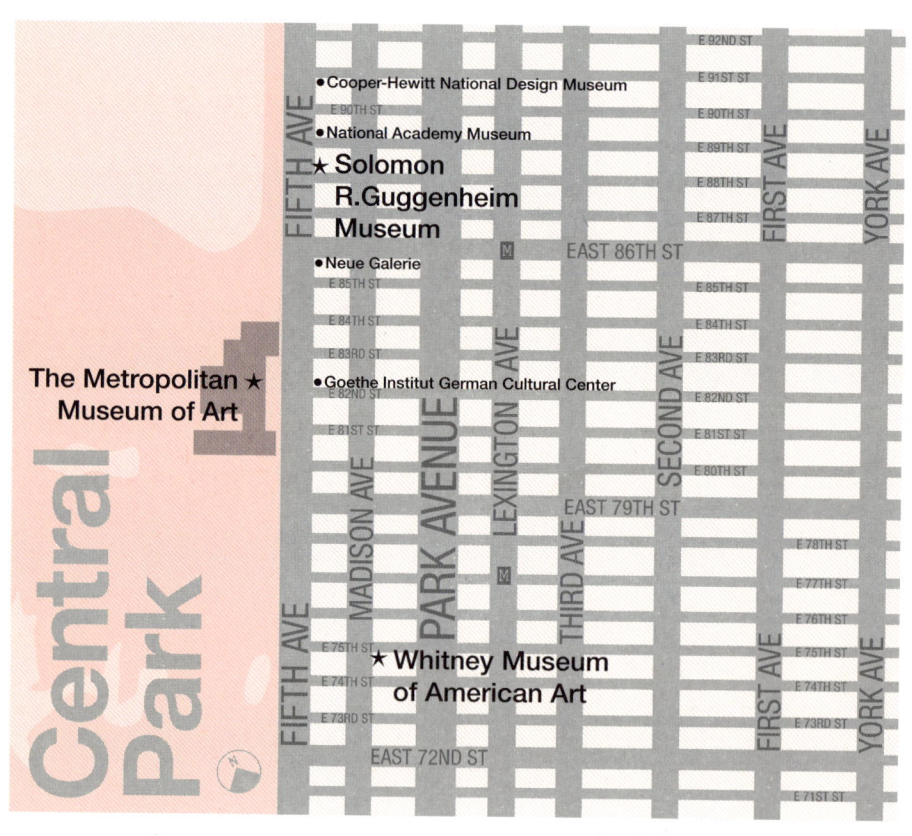

マンハッタンの街並み（特にミッドタウンから北寄り）は見事なグリッドで道が交錯しています。この美しい道のグリッドをより美しく表現するためにも、道の名称を道のラインからはみ出さないように配置してみましょう。

Section ▶ 道路の描き方①

3gyo Recipe

Step 01 通りのセンターにフォントを選んで文字を配置させます❶。その際に、目分量で文字をセンターにするのではなく、線の真ん中に文字のアンカーポイントを配置して「ベースラインシフト」の設定で文字位置を調整しておくと、道数が多くなっても均一に配置出来ます❷。

❶ PARK AVENUE
LEXINGTON AVE
EAST 86TH ST

文字パネル:
Helvetica Neue
57 Condensed
18 pt / 11.65 pt
100% / 100%
0%
自動 / 自動
-6.5 pt / 0°
言語：英語：米国

Step 02 文字サイズを道幅ごとに同じ大きさに統一させます。

PARK AVENUE
線の太さ 15Point　文字サイズ 18Point　ベースラインシフト -6.5Point

LEXINGTON AVE
線の太さ 10Point　文字サイズ 12Point　ベースラインシフト -4.5Point

EAST 86TH ST
線の太さ 8Point　文字サイズ 8Point　ベースラインシフト -3Point

E 85TH ST
線の太さ 4Point　文字サイズ 5Point　ベースラインシフト -1.8Point

Point 今回のマップでは、Helvetica Neue のファミリーフォントを使用しています。ランドマークとなる美術館に Helvetica 65 Medium、通りの名称には Helvetica 75 Condensed を使用しています。通りの名称などは、スペースが限られる場合もありますので、Condensed 書体を用いると情報を盛り込みやすくなります。

SECOND AVENUE　Helvetica 65 Medium

SECOND AVENUE　Helvetica 75 Condensed

下ごしらえ / 基礎レシピ / 応用レシピ / 資料集

Recipe 02

道路のセンターへ名称を配置する方法　〜曲線〜

1 曲線で出来た道のパスをコピーし同一個所にペーストする

2 ［パス上文字］ツールで、文字を流し込む

3 ベースラインシフトで位置を調整する

使用フォント：Helvetica 55 Roman ／ Helvetica 66 Medium Italic ／ Helvetica 45 light
場所：アメリカ合衆国、ハワイ州、ハワイ島、カイルア・コナ北

都市部の地図と違い、海や山といった自然の豊富な地形の場合は、道が必ずしも真っ直ぐではありません。このような場合でも、道の名称は道の曲線に沿って配置したいものです。地図の上でも、美しいワインディングロードを崩さないように道の名前を入れましょう。

Section ▶ 道路の描き方②

Step 01 名称を流し込みたい道（線）のパスを［ダイレクト選択］ツールで選択し、［編集］メニューから［コピー］で複製、さらに［前面にペースト］を行います。この時道全体ではなく、文字を流し込める程度の長さのパスだけコピーします。また、作業効率を上げるためにも文字要素は別レイヤーを作り、そのレイヤー上で作業すると後々便利です。

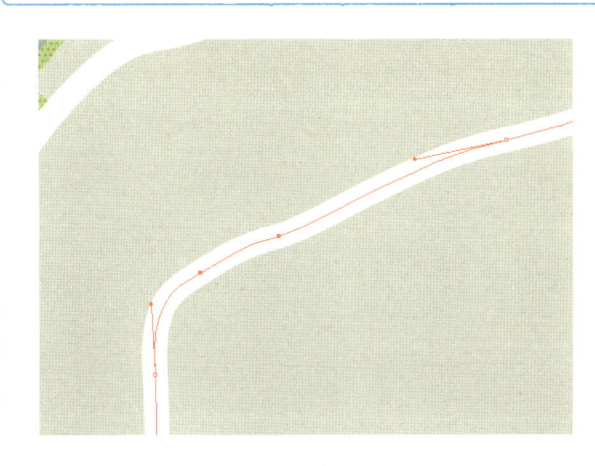

Step 02 道の名前を［パス上文字］ツールで、道のパスへ流し込みます。この際、［パス上文字］ツールをダブルクリックしてあらわれる［パス上文字オプション］は［効果：虹、パス上の位置：中央］に設定します。

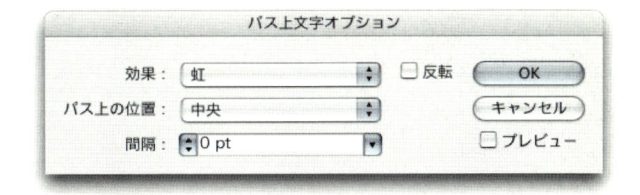

Step 03 道の太さに合わせて、フォントサイズ❶を変更し道のセンターに文字が配置されるように調整します。

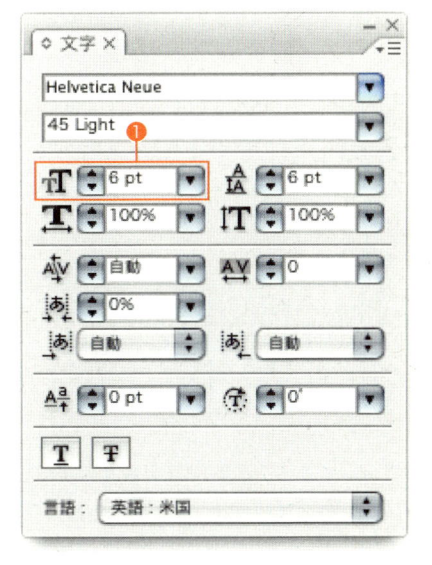

Recipe 03 | 道路の描き方

道幅にメリハリを与えてデフォルメする方法

1 道の太さを大中小3段階に分ける

2 レイアウトサイズに合わせて、3段階の道の太さを決める

3 決めた太さだけで、全ての道を描く

使用フォント：小塚ゴシック ProR ／小塚ゴシック ProM
場所：東京、銀座

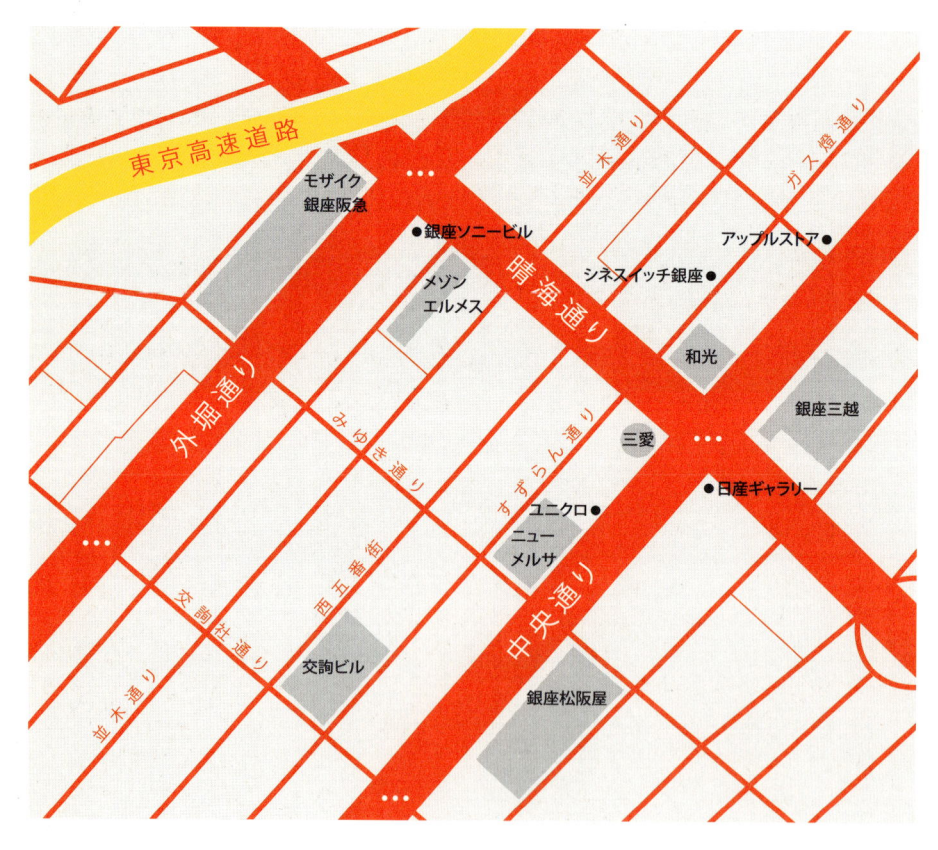

地図を手に街を歩く際に、実際の道の太さと地図上の道の太さの比率が全く同じである必要はありません。交通量の多いメインストリートなのか、人が通るのもやっとの細い路地なのかが分かれば、地図の機能としては問題ないのです。

0.0.0.100　0.0.0.20　0.0.0.5　0.10.100.0　0.100.100.0

Section ▶ 道路の描き方③

Step 01

実際に現場へ足を運ぶことが出来れば、最も良い確認になりますが、基本的には元になる地図をよく観察し、大中小と3段階の太さに道を振り分けます。

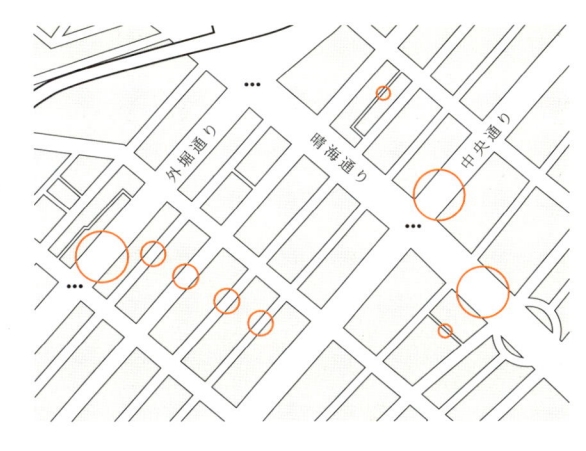

大　中　小

Step 02

Step01で3段階に振り分けた道に、デザイン上の線幅を割り当てます。作例の地図は銀座ですが、晴海通りや中央通りのような大通りを20pt、三原通りや並木通りなど車も走る通りを2pt、最後に人しか通れない細い通りを0.5ptに設定します。

20 point　晴海通りや中央通りのような大通り

2 point　三原通りや並木通りなど車も一応走る通り

0.5 point　人しか通らない細い通り

Arrange

左の作例では、かなり極端に太さに強弱を加えましたが、場合によっては10ポイントぐらいの太さの道も加えて、ディテールを増やしてみても良いでしょう。

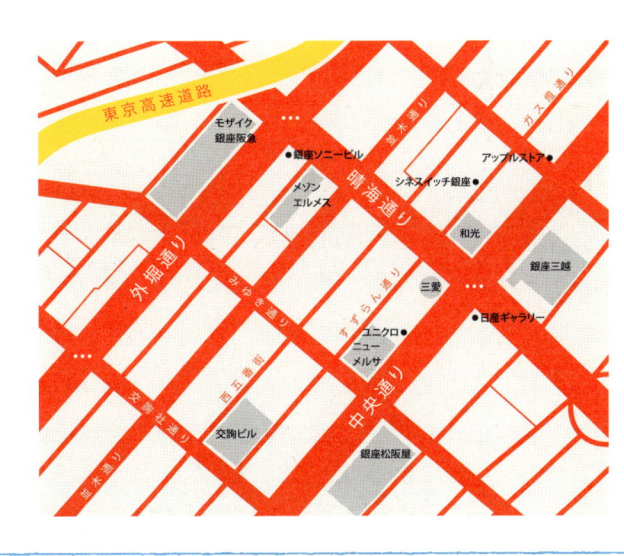

Recipe 04

配色による情報整理の方法

1 道路、線路、公園、施設など地図要素を分類する

2 分類した要素ごとに配色を決める

3 配色したカラーをスウォッチパレットに登録する

使用フォント：A-OTF じゅん Pro 201、A-OTF じゅん Pro 34
場所：東京、東京ドーム周辺

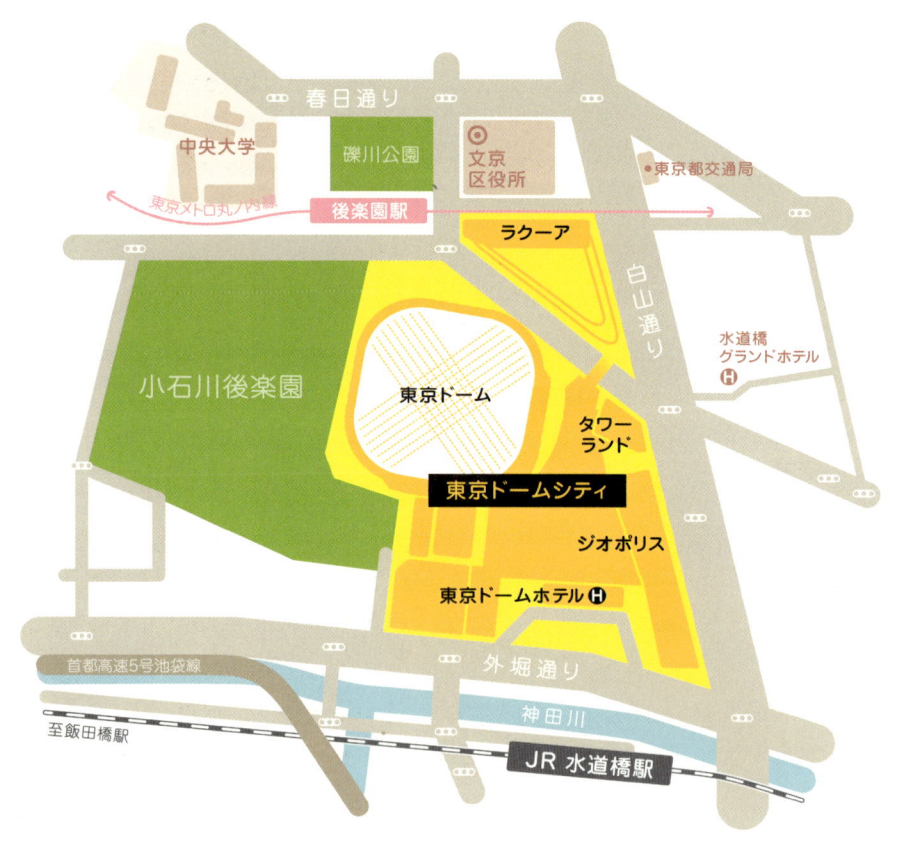

一般的な市街地図の場合、道路や鉄道などの公共交通機関、河川や公園、緑地などの自然を感じられる場所、ランドマークとなるような施設といった地図要素に分けられます。分かりやすい地図を作るために、情報をしっかり整理し、配色を決定しましょう。

Section ▶ 配色の工夫①

Step 01 今回のサンプルである東京ドームシティ周辺図の構成を分解してみると、下図のように8種類の要素になります。公園や緑地は緑系統、河川は青系統カラーなど、それぞれ構成要素の特性に合わせて色を決定していきます。

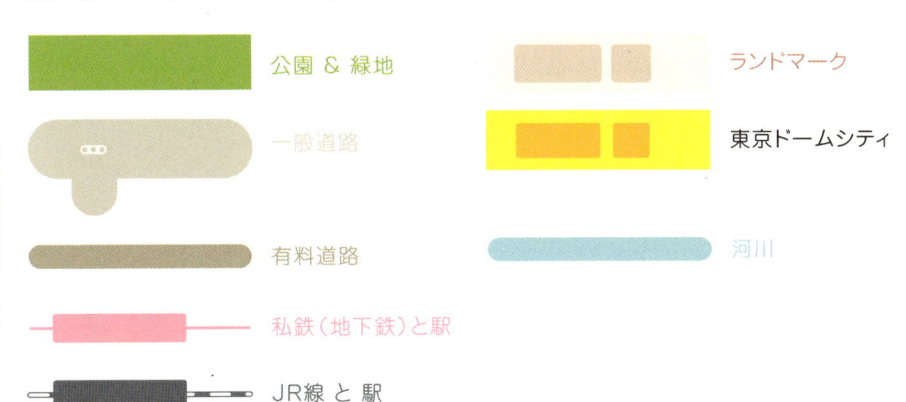

公園 & 緑地

ランドマーク

一般道路

東京ドームシティ

有料道路

河川

私鉄（地下鉄）と駅

JR線 と 駅

Step 02 Step01で設定した要素ごとのカラーを、全て［スウォッチ］パネルに、グローバルカラーとして登録していきます。実際に地図を仕上げていく中で、スウォッチパネルを使って色味を調整しながら作成します。

> **memo**
> 使用する色に迷った時は、市販の地図を参考にしてみましょう。どんな情報に対して、どんな色が使用されているのかをじっくり観察し、自分なりの色を探っていきましょう。

Recipe 05

道路の描き方

立体交差道路を描く方法

1 交差する道を描く

2 上のパスを部分的に選択し背面にコピーする

3 コピーした線を太くして背景色と合わせる

使用フォント：A-OTF 新丸ゴ Pro L、A-OTF 新丸ゴ Pro R、A-OTF 新丸ゴ Pro B
場所：東京、馬込

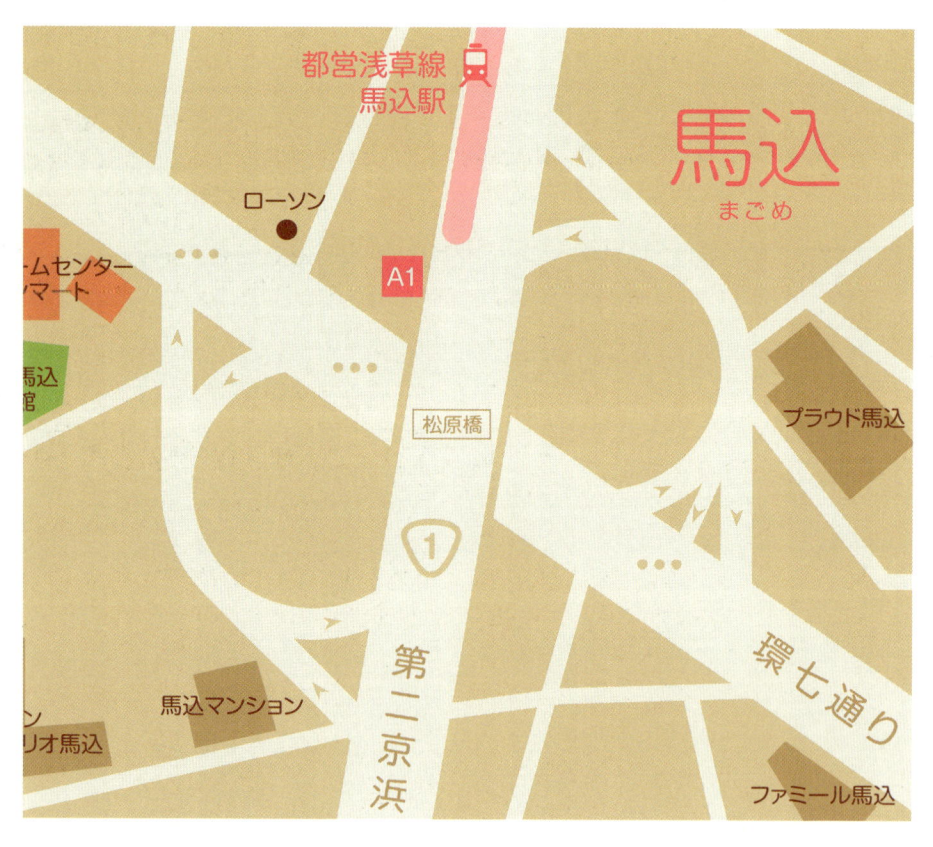

立体交差する道を描く際には、交差している道がつながっていないことを明確にしておく必要があります。また、上下の関係性も分かるように描画することで地図の利用者が道に迷わないように気をつけます。

Section ▶ 道路の描き方④

Step 01 ［ペン］ツール、もしくは［直線］ツールで交差する道を描画します。サンプルは 30pt の太さになっています。

Step 02 上を通る道を表すパスに、［アンカーポイントの追加］ツールでポイントをふたつ追加します。この時、下を通る道と重なり合う部分を覆うようにします。追加したポイントの内側の部分を［ダイレクト選択］ツールで選択し、さらにコピーして背面にペーストします。

Step 03 ペーストした線幅を太くし（サンプルでは 36pt）、線のカラーを背景色に合わせます。これで、立体交差した道路の上下関係が分かりやすくなりました。

Recipe 06

道路の描き方

簡単にトンネルを表現する方法

1 道を描く

2 道がトンネルに入る部分をパスで覆う

3 トンネル部分を背景色、透過 75%に設定する

使用フォント：A-OTF 中ゴシック BBB Pro Medium、A-OTF 太ゴ B101 Pro Bold
場所：東京、六本木

地上からは見えないトンネルですが、地図上では入口から出口へと道は途切れずにつながっていることを、分かりやすく明示しなくてはいけません。地図は実際の景色を描くのではなく、情報を描くのです。

Section ＞ 道路の描き方⑤

Step 01 トンネルに関係なく、通っている道をそのまま描画します。

Step 02 トンネルに該当する部分を、[ペン]ツール（もしくは、[長方形]ツール＋[回転]ツール）を使用して作図したオブジェクトで覆います❶。この時、通っている道にぴったり合わせなくても、ザックリ覆う感じでかまいません。

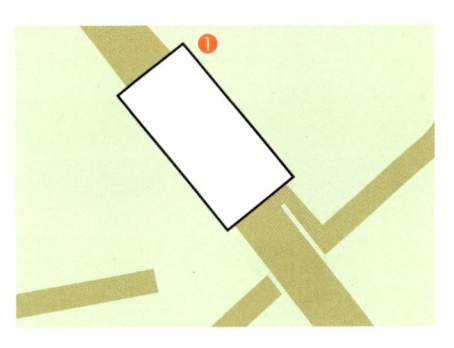

Step 03 作図したオブジェクトの塗りを背景色と同色にし、[不透明度]を75%に設定します❷。この時、塗りの色を背景色以外で行うと道からパスがはみ出して見えてしまいます。

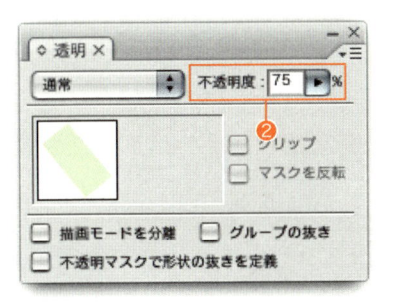

Arrange トンネルの表現は、他にもたくさん方法があります。破線❸や袋線❹であったり、出入口に「括弧()」のような描画を加えても❺、分かりやすくなります。通常の道と何かしら表現を変化させてあげましょう。

Recipe 07 | 鉄道の描き方

破線を利用して鉄道路線を描く方法

1 ［ペン］ツールで線を描き、前面にコピー＆ペーストする

2 コピーした線を背面よりも細くし、さらに破線にする

3 破線の色設定を背景色に合わせる

使用フォント：A-OTF ゴシック MB101 Pro R、A-OTF ゴシック MB101 Pro M
場所：東京、五反田駅周辺

国内地図における線路は、大きく分けるとJR線、地下鉄線、その他の私鉄線とありますが、道路の作図（一般道路や高速道路、トンネルなどで描き分ける）と同じように、線の描画方法に変化を加えましょう。

Section ▶ 鉄道の描き方①

Step 01 ［ペン］ツールで JR 線路を描画し、前面へコピー＆ペーストします。サンプルは 4pt の太さです。

Step 02 前面にある線のオブジェクトを選択し、太さを 2pt ❶、破線を 8pt（間隔も 8pt）❷で設定します。図では分かりやすいように白線で示しています。

｛（背面の太さ - 前面の太さ）÷ 2＝ 破線の外枠線の太さ｝ となります。

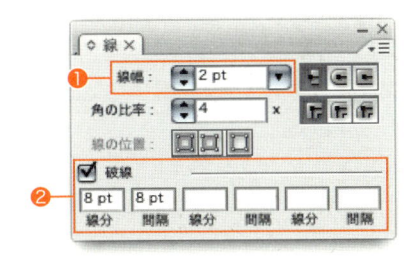

Step 03 破線の色を背景色と同じ色に合わせます。通常、Step02 の白線のままでも問題ありませんが、今回はサンプルマップの配色に合わせます。こうすることで色数を抑えられ、落ち着いたデザインとなっています。

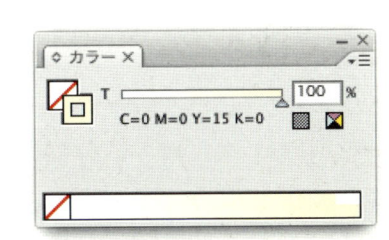

Point 作例の地図で使用している JR 山手線、都営浅草線、東急池上線の各路線ごとの、線路と駅のイメージです。地上線は実線でつなぎ、地下鉄は点線・破線などを利用すると分かりやすい表現になります。

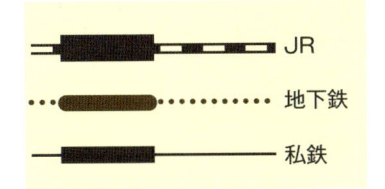

JR
地下鉄
私鉄

Recipe 08　道路の描き方

袋線で道路を描く方法

1　［線］ツールで道を作成する

2　レイヤーごと下の階層へコピーする

3　コピーしたパスを全てアウトライン化する

使用フォント：A-CID リュウミン Light ／ A-CID 中ゴシック BBB
場所：京都、四条駅周辺

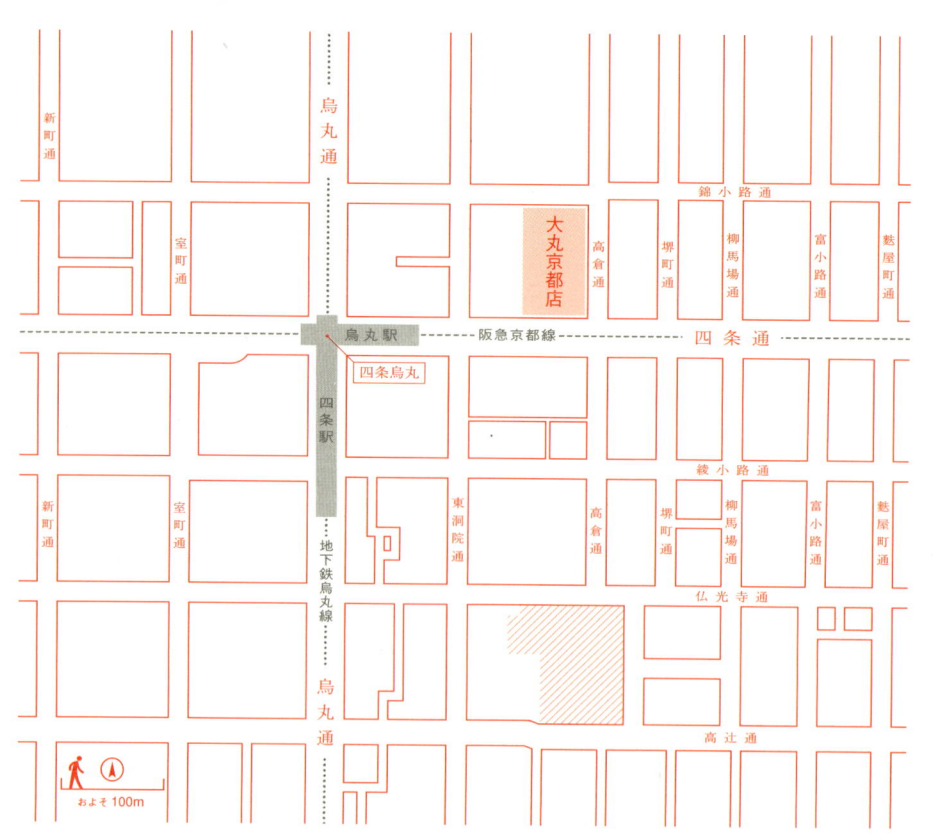

道を塗りによる凸線ではなく袋線で表現すると、繊細な印象を与えることが出来ます。また、袋線の場合、背景色と線の袋の中の色を同じにすると、よりシンプルな地図に見えます。さらにサンプルの地図では、細い罫線と明朝体の書体によって京都らしさを演出しています。

0.100.80.20　0.0.20.50

Section > 道路の描き方⑥

Step 01
道を［線］ツールで作図します。この時に［スウォッチ］パネルに道用の色を指定して作図します。

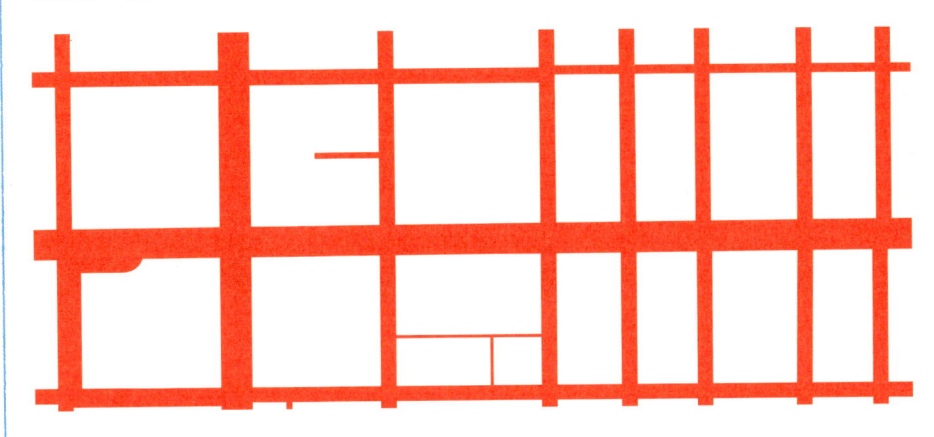

Step 02
道を作図したレイヤー（ここでは「ST1」）を下の階層にコピーします。上階層のレイヤーにある線の色設定を白に変更しておきます。設定後は一度レイヤーを隠すと作業が楽です❶。

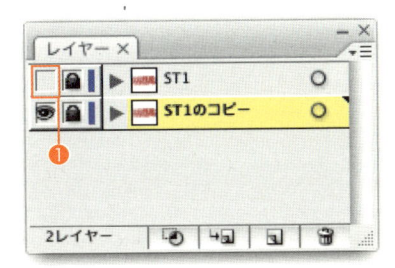

Step 03
コピーしたレイヤー上の道の線を全て選択し、［オブジェクト］メニューから［パス］→［パスのアウトライン］を行います。さらに線の色設定で道用の色を指定し、パスの結合部はラウンドに設定します❷。隠していた上階層のレイヤー（「ST1」）を表示させれば袋線の完成です。

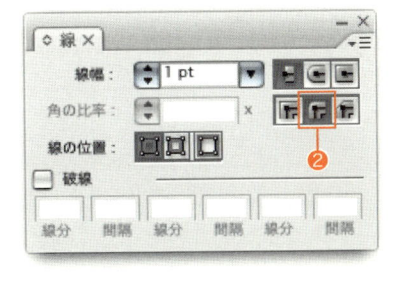

memo
道の線データと、線をアウトライン化したふたつのレイヤーは、地図の修正を迫られた際に効果を発揮します。後から細い路地などを追加することになっても対応が簡単です。

Recipe 09

情報の強化

方位マークの作り方

1 方位磁石の針を描く

2 真ん中で色を切り返す

3 正円の中に配置する

使用フォント：小塚ゴシック Pro R
場所：東京、飯田橋周辺

一般的な地図は北を上に描きますが、状況によっては地図角度を変えた方が見やすくなる場合もあります。そんな時は、方位を示すイラストを加えておくと親切な地図になります。もちろん北が上の地図でも方位マークは有用です。

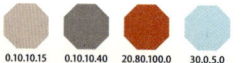

Step 01
［長方形］ツールで Shift キーを押しながら正方形を描きます。次に［回転］ツールで Shift キーを押しながら45度回転させ、［ダイレクト選択］ツールで、下のポイントを中央よりに真上に移動させます。最後に［拡大・縮小］ツールで幅を縮小させます。

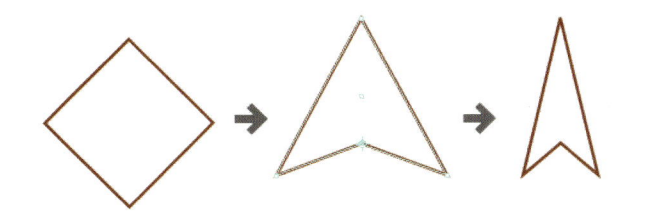

Step 02
［ダイレクト選択］ツールで左下のポイントを選択し、［編集］メニューから［カット］＆［前面にペースト］します。左右のオブジェクトのパスが開いたままなので、それぞれを［オブジェクト］メニューから［パス］→［パスの連結］で合体させパスを閉じます。片方（サンプルは右側）のオブジェクトの塗りを線と同じ色設定にします。最後にオブジェクトのグループ化をします。

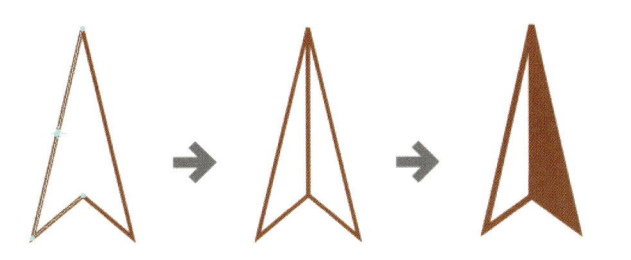

Step 03
［楕円形］ツールで Shift キーを押しながら正円を描きます。［整列］パネルで、縦軸・横軸ともにセンター揃えにして、円の中央に磁石の針を配置させます。最後にアルファベットの「N（北＝ "North" を意味します）」を針の先、円の外側に配置します。この時に円を前面にコピーして、［拡大・縮小］ツールで Shift キーを押しながら「N」の外側まで拡大し、線の塗りをなしにしたものをまとめて回転させると、中心位置をずらさずに回転させることが出来ます。

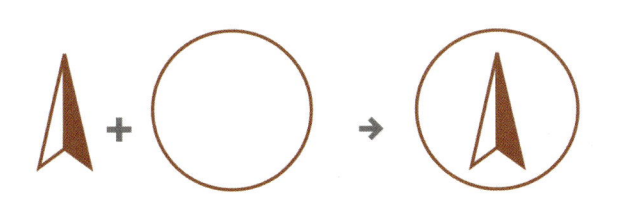

Recipe 10

F 文字の配置

密集した情報の表記の仕方

1 通りに面したショップのポイントを配置する

2 罫線を引いて、ショップの名称を配置する

3 文字に縁取りをつけて読みやすくする

使用フォント：Adobe Garamond Pro Semibold、Adobe Garamond Pro Regular、Adobe Garamond Pro Italic、A-OTF 中ゴシック BBB Pro Medium
場所：フランス、パリ、ファブール・サントノレ通り

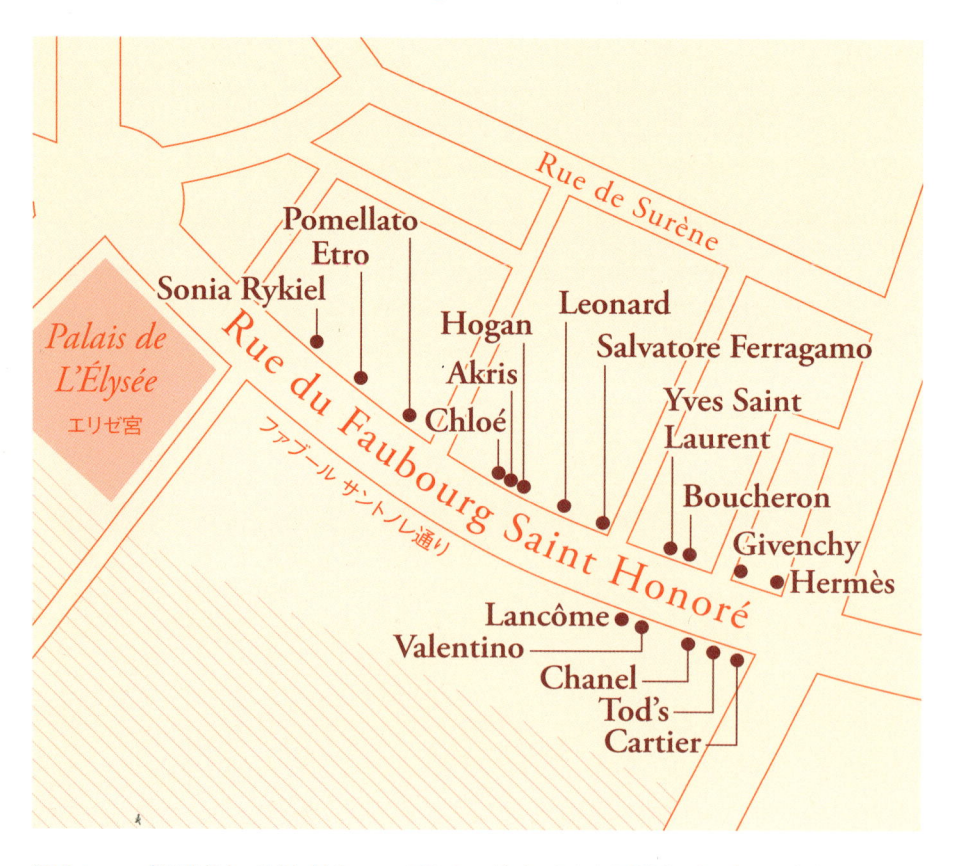

Rue de Surène
Pomellato
Etro
Sonia Rykiel
Palais de L'Élysée
エリゼ宮
Rue du Faubourg Saint Honoré
ファブール サントノレ通り
Hogan
Akris
Chloé
Leonard
Salvatore Ferragamo
Yves Saint Laurent
Boucheron
Givenchy
Hermès
Lancôme
Valentino
Chanel
Tod's
Cartier

紹介ショップが密集して建ち並んでいる際は、ポイントから罫線を引き出して名称を配置させます。あまり複雑になりすぎないように注意が必要です。

Section ▶ 文字の配置①

Step 01 ショップ紹介用に新規レイヤーを一番上に作成し、ショップを示すポイントを円で指定の位置へ全て配置します。

Step 02 次にショップの名称を配置します。ポイントの横にそのまま配置すると、文字が重なって判読出来なくなるので、ポイントと名前をつなげるように罫線を使用して配置します。この時にお店の並んでいる順番に階段状に配置していくとお店の並びがイメージしやすい配置が出来ます。

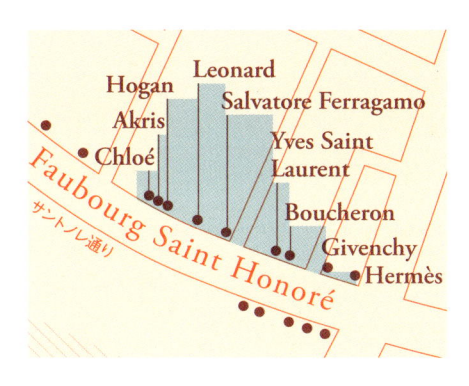

Step 03 ショップの名称と道の罫線が重なっている部分が同系色で判読しづらいので、文字に縁取りを施します。まずテキストを選択してコピーし、［背面へペースト］します。線の設定を背景色と同じ色に指定し、［線幅］を2pt、［角をラウンド結合］にチェックします。これで文字の縁取りの完成です。

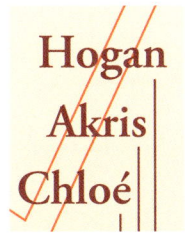

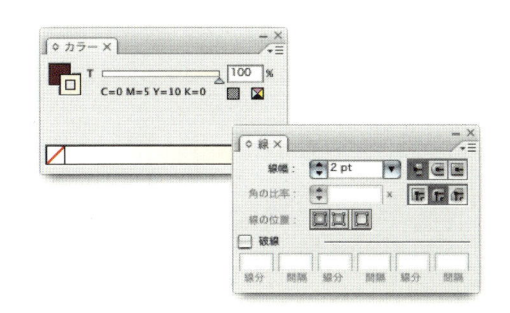

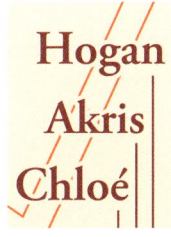

memo
名称の行揃えは、罫線やポイントの位置を基準にして左揃え、右揃えとケースバイケースで設定を変えましょう。基準点を決めておけば、もしも名称の修正で文字数の変更があっても、文字の位置を再調整せずに済みます。

Recipe 11

鳥瞰図に見せる方法　〜その1〜

1 水平垂直のラインを45度傾ける

2 紹介ポイントを垂直に配置する

3 街路樹などのイラストを配置する

使用フォント：Clarendon Roman
場所：オリジナル

グリッドに沿って縦横真っ直ぐな線で描かれた地図をクルッと回転。回転と言っても45度傾けるだけですが、これだけで街の見え方が簡単にバーズアイ（鳥瞰図）になり、見下ろすような広がりを出すことが出来ます。

Section > 鳥瞰図①

Step 01
グリッドに沿って、水平垂直に組まれた地図（道のデータ）を用意します。このデータを［回転］ツールでぐるりと45度傾けます。

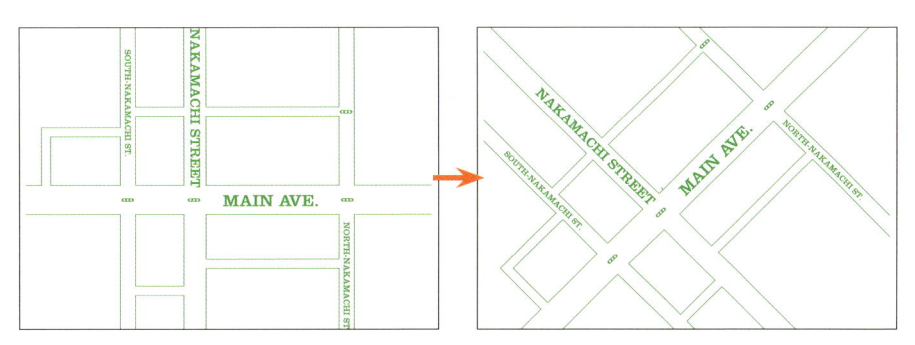

Step 02
紹介したいポイントに使うオブジェクトを作成します。ここでは［長方形］ツールで作ったオブジェクトを組み合わせて、緑のフキダシを準備しました。これを紹介したいポイントに合わせて、紙面に対して水平垂直に配置していきます。

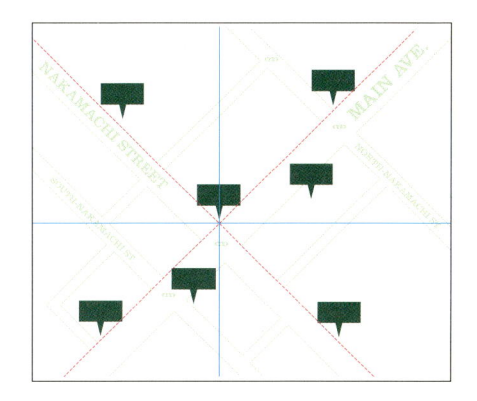

Step 03
さらに街路樹を表すイラストを作成します。これを道に沿わせながら紙面に対して垂直に配置していくと、よりバーズアイの雰囲気がアップします。

memo
もともと斜線の道が多い地図では Step01 は飛ばしてしまっても問題ありません。

Recipe 12

鳥瞰図に見せる方法　〜その２〜

鳥瞰図

1　フキダシと街路樹のパスをコピーし背面にペーストする

2　パスの形を変化させる

3　パスが影に見えるように色設定を調整する

使用フォント：Clarendon Roman
サンプル地図：オリジナル

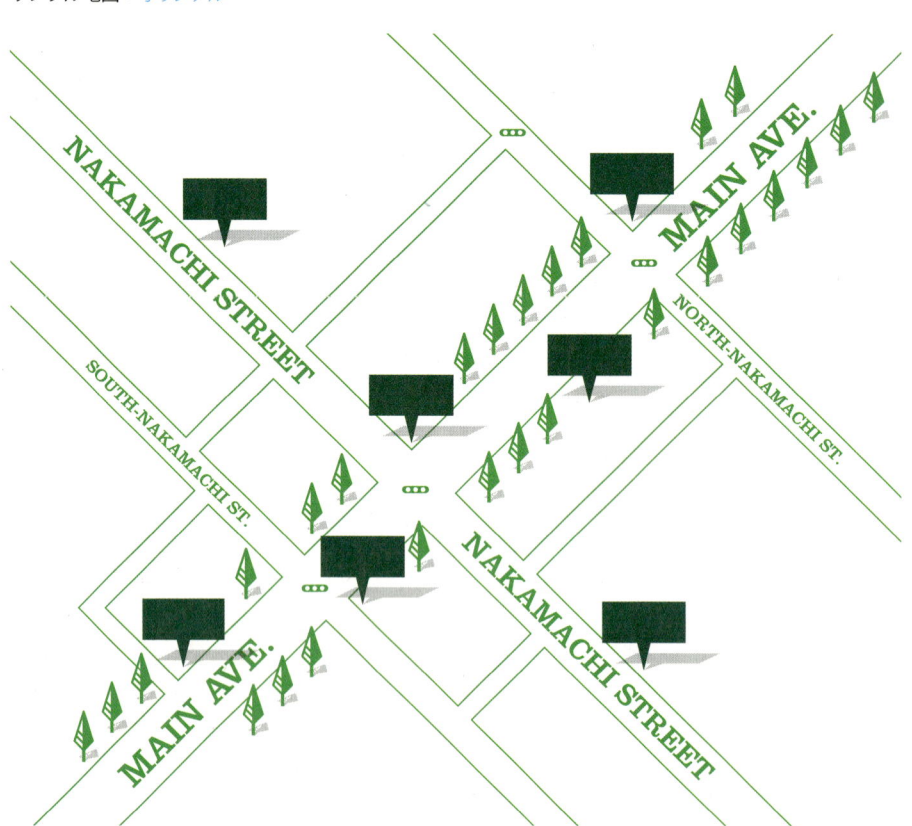

地図上のオブジェクトに一定方向の影をつけてあげると、上から俯瞰したバーズアイの雰囲気がより演出出来ます。ここではレシピ 11 で作成した地図を使用して、フキダシに影の効果を付けてみましょう。

80.0.100.0　　100.50.100.0　　0.0.0.20

Section ＞ 鳥瞰図②

Step 01 新規レイヤー「影」を作成します❶。紹介ポイントのフキダシと、木のイラストを［編集］メニューから［コピー］して、［前面へペースト］を行います。

Step 02 フキダシを選択し、［オブジェクト］メニューから［個別に変形］で垂直方向を25％に縮小します❷。その際は基準点を地揃えにします❸。さらに［シアー］ツールで45度の変形を加えます。

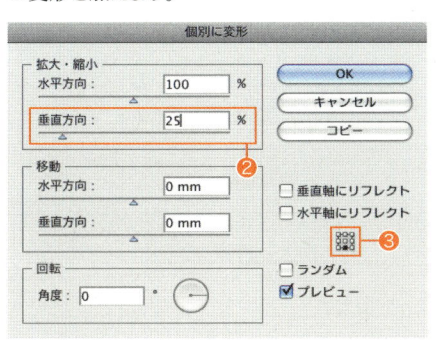

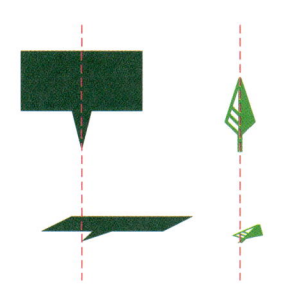

Step 03 変形を加えたパスの色数値をK20％に設定し、オブジェクトをグループ化して、［透明］パネルで描画モードを［乗算］指定にします❹。これをフキダシ全てに適応させます。

51

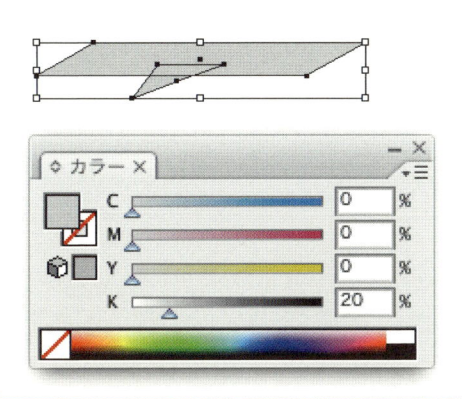

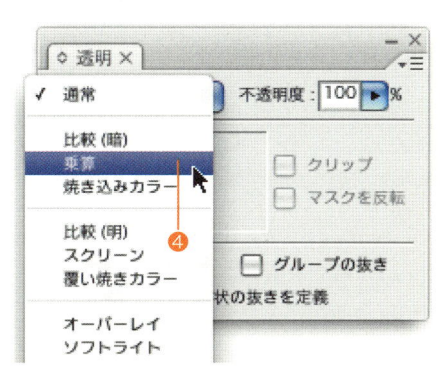

Recipe 13

鳥瞰図

鳥瞰図に見せる方法　〜その3〜

1　全体の地図の天地サイズを50%に縮小する

2　フキダシや街路樹の天地サイズを200%に拡大する

3　背景パターンを天地50%に縮小する

使用フォント：Clarendon Roman
場所：オリジナル

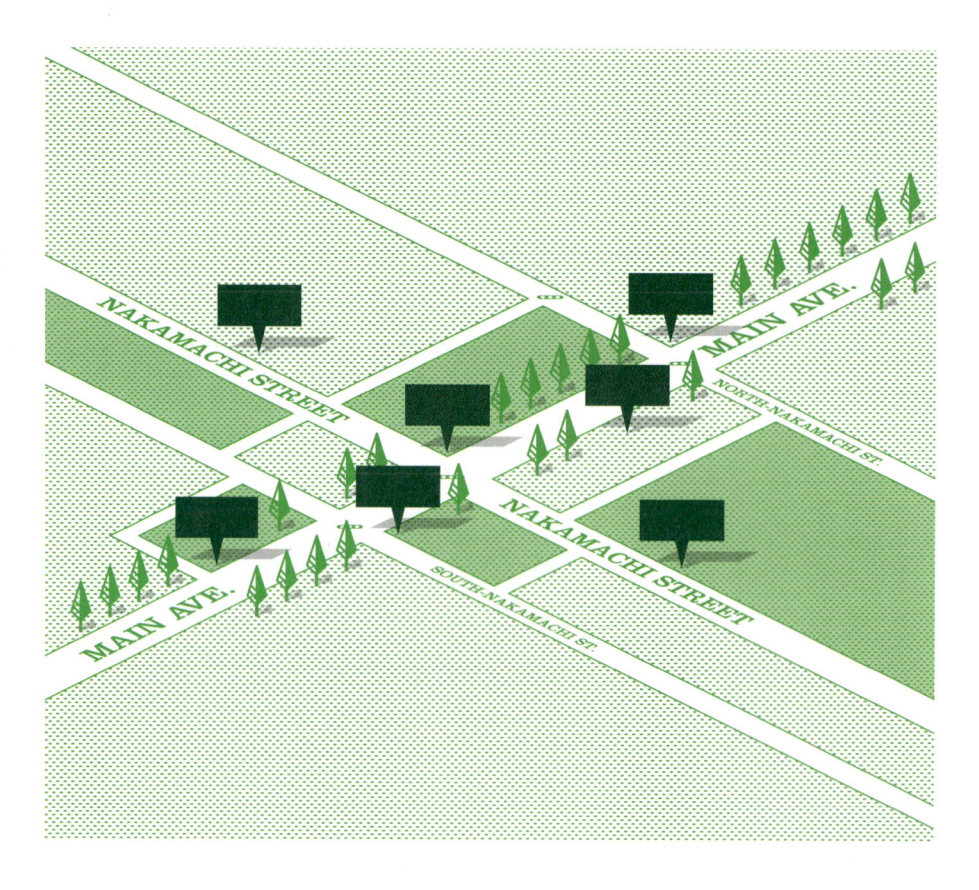

レシピ11、レシピ12で回転、影付けによる簡単なバーズアイマップを作ってきましたが、今回は地図自体にも変形を加えることで、より完璧に近い俯瞰図マップを作成してみます。

80.0.100.0　100.50.100.0　0.0.0.20

Section ▶ 鳥瞰図③

Step 01
レシピ 11、12 を踏まえて作成した地図の全体サイズを、［拡大・縮小］ツールを使って垂直方向に 50%縮小します。

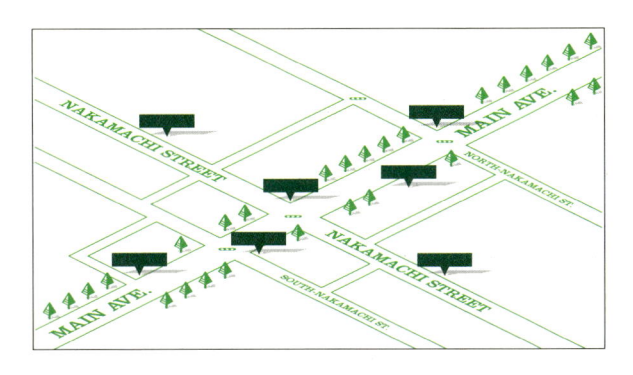

Step 02
Step01 の変形で、紹介ポイントのフキダシや街路樹のイラストまでも縮小してしまいましたので、これらを選択して、［オブジェクト］メニューから［変形］→［個別に変形］で垂直方向に 200%の変形を加えます。この時に基準点をセンターではなく下段中央にすることで❶、オブジェクトの位置はそのままにサイズのみ変形することが出来ます。

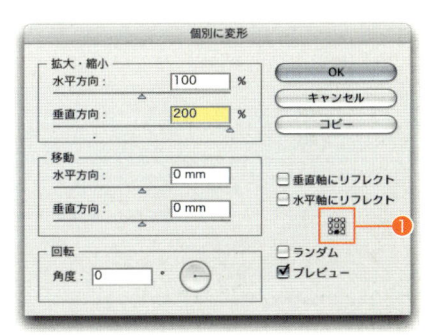

Step 03
背景にグリーンのドットパターンを配置していますが、このドットパターンにも変形を加えます。はじめから楕円のパターンを作る方法もありますが、今回は正円のドットパターンを直接［拡大・縮小］ツールで変形しました。［拡大・縮小］ツールをダブルクリックして、［拡大・縮小］オプションでパターンの項目にチェックするのを忘れずに❷。

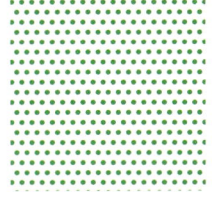

Recipe 14

座標グリッドの作り方

情報の強化

1 区切りたい数の横軸ボックスを作成する

2 レイアウトサイズに拡張する

3 縦軸も同様に作成する

使用フォント：Helvetica 65 Medium
場所：東京、表参道・原宿駅周辺

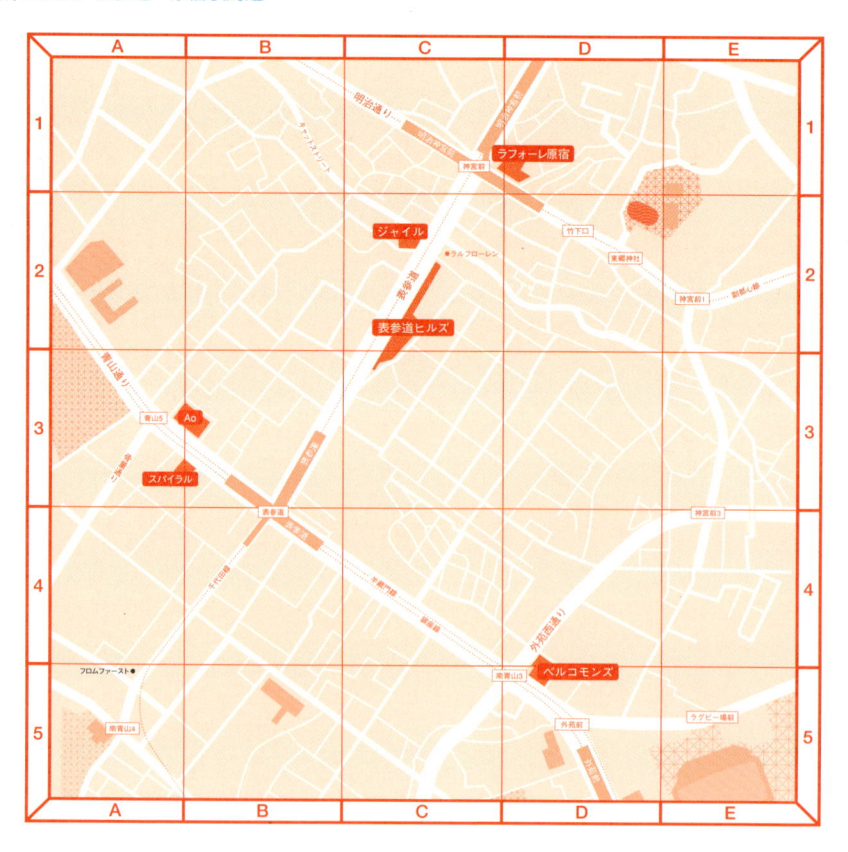

広範囲の地図上に紹介ポイントが点在する場合、アクセスを容易にするために縦横軸の座標位置を割り当てることがあります。どんなレイアウトサイズの場合でも簡単に縦横軸の座標グリッドを作成する方法を紹介します。

0.100.100.0　0.80.60.0　0.10.10.0

Section ＞ 情報の強化②

Step 01

適当なサイズの四角いパスを作成し、中央にアルファベットの A をセンター揃えで配置します。そして［オブジェクト］メニューから［変形］→［移動］で、区切りたい数だけ移動コピーを繰り返します。最初に四角の横幅を 30mm など単純なサイズで作成しておき、［移動］の［水平方向］に同じ数値を入力すれば正確な配置が行えます。

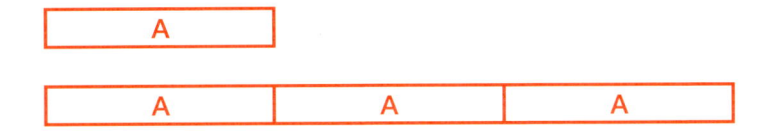

Step 02

作成した全てのボックスを選択して、［変形］パネルに数値を指定して幅を変更します。サンプルは 150mm を 100mm に変更。この時にボックス内の文字が長体になってしまいますので、文字パネルで文字幅を 100％に修正します。また、テキストも全て A になっていますので、B 〜 E を打ち込みます。

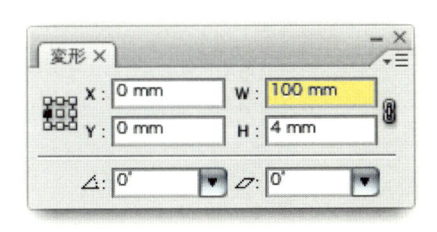

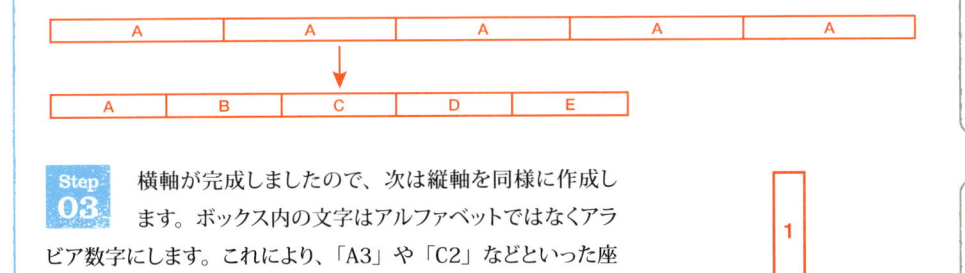

Step 03

横軸が完成しましたので、次は縦軸を同様に作成します。ボックス内の文字はアルファベットではなくアラビア数字にします。これにより、「A3」や「C2」などといった座標指定をすることが出来ます。

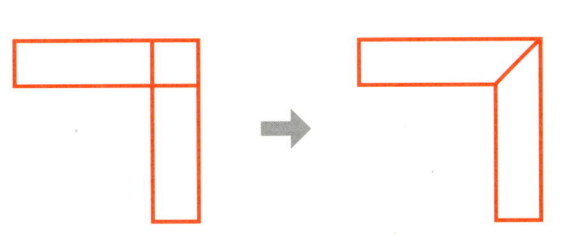

Point

角のボックス処理は、斜め 45 度のラインにします。縦横の重なり合ったボックスのパスを合成して、斜めに線を描きます。

Recipe 15

ショップ紹介記事などに使用する
ミニマップの作り方

配置の工夫

1 地図を3段階のゾーンに区分けする

2 紹介ポイントを中央から少し外す

3 地図の重心も中央から外す

使用フォント：A-CID 中ゴシック BBB
場所：都内の飲食店マップ

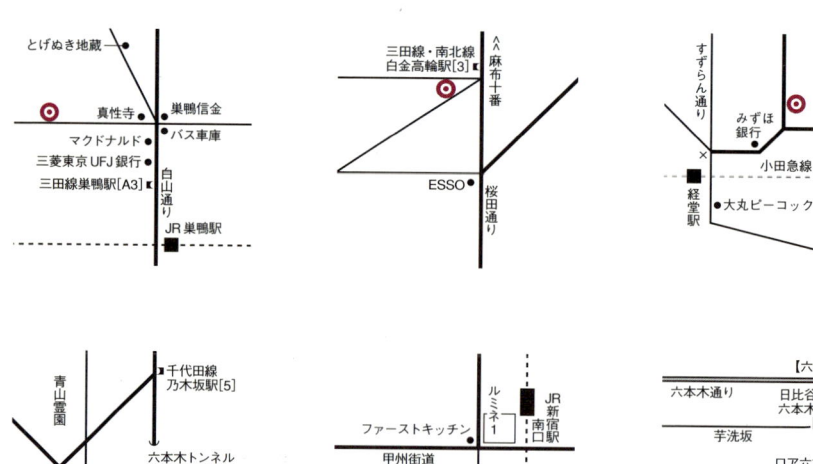

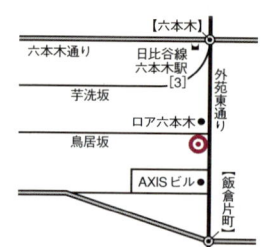

雑誌などで飲食店やショップを紹介する記事では、お店の情報と共に小さな地図が掲載されることが多いですが、最大でも一辺30mmぐらいの正方形が一般的なサイズとなり、かなりスペースが限られます。必要最小限の情報を整理して配置するように心がけます。

Section ▶ 配置の工夫①

3gyo Recipe

Step 01 地図を、中央部から周辺部に向かって3段階のゾーンに区分けします。

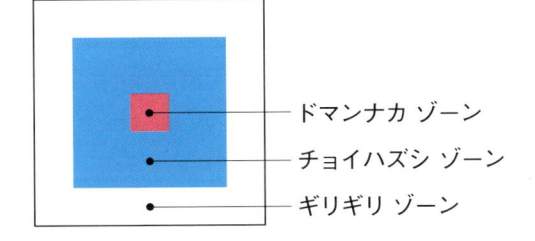

- ドマンナカ ゾーン
- チョイハズシ ゾーン
- ギリギリ ゾーン

Step 02 紹介したいポイントを、図のドマンナカよりもチョイハズシゾーンに配置します。下のサンプル🅐🅑は青山にある紀ノ国屋インターナショナルを紹介する地図です。どちらの地図も同じ情報で構成されていますが、🅐の地図はドマンナカに、🅑の地図はチョイハズシゾーンにポイントを配置してあります。🅑の地図は右下に余白があることでスタイリッシュに仕上がっています。

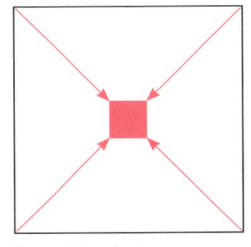

ドマンナカ ゾーン 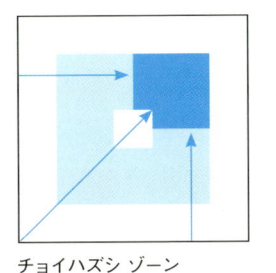　　チョイハズシ ゾーン

🅐　🅑

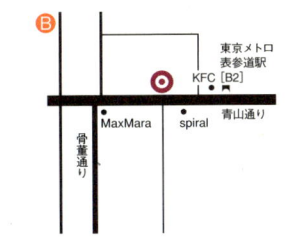

> **memo**
> 雑誌などの誌面デザインにおいて補足情報的な小さな扱いの地図であっても、地図のクオリティが高いと誌面全体もキュッと締まります。近代建築家の巨匠ミース・ファン・デル・ローエは「神は細部（ディティール）に宿る」と言っています。小さな地図もこだわって作りましょう。

3gyo Recipe

Title

応用レシピ　　幅広い地図の表現

　雑誌や書籍などで目にする地図の場合、あるテーマに沿って制作された地図であることが多く、単独の地図だけで成立することは稀です。ですから、掲載誌面や特集前後のレイアウトデザインとの親和性が求められます。そのため使用する色数であったり、地図の形などが制限されることが多々ありますが、このような逆境こそチャンスであり、それらの制限事項をうまく利用すれば、特徴的で魅力ある地図デザインを仕上げることが出来るのです。

　単純な情報の地図を、グラフィックとして魅力のある地図へ昇華させるためには、伝えるべき内容を整理した上で、利用者であるターゲット層をよく理解し、情報の取捨選択とデザインのデフォルメを必要とします。

　応用レシピでは、このようなデフォルメの仕方を紹介していきます。また後半では、著者が実際のクライアントワークで制作した地図のデータを分解して、複雑な地図データの作り方の実例を紹介しています。

Waikiki

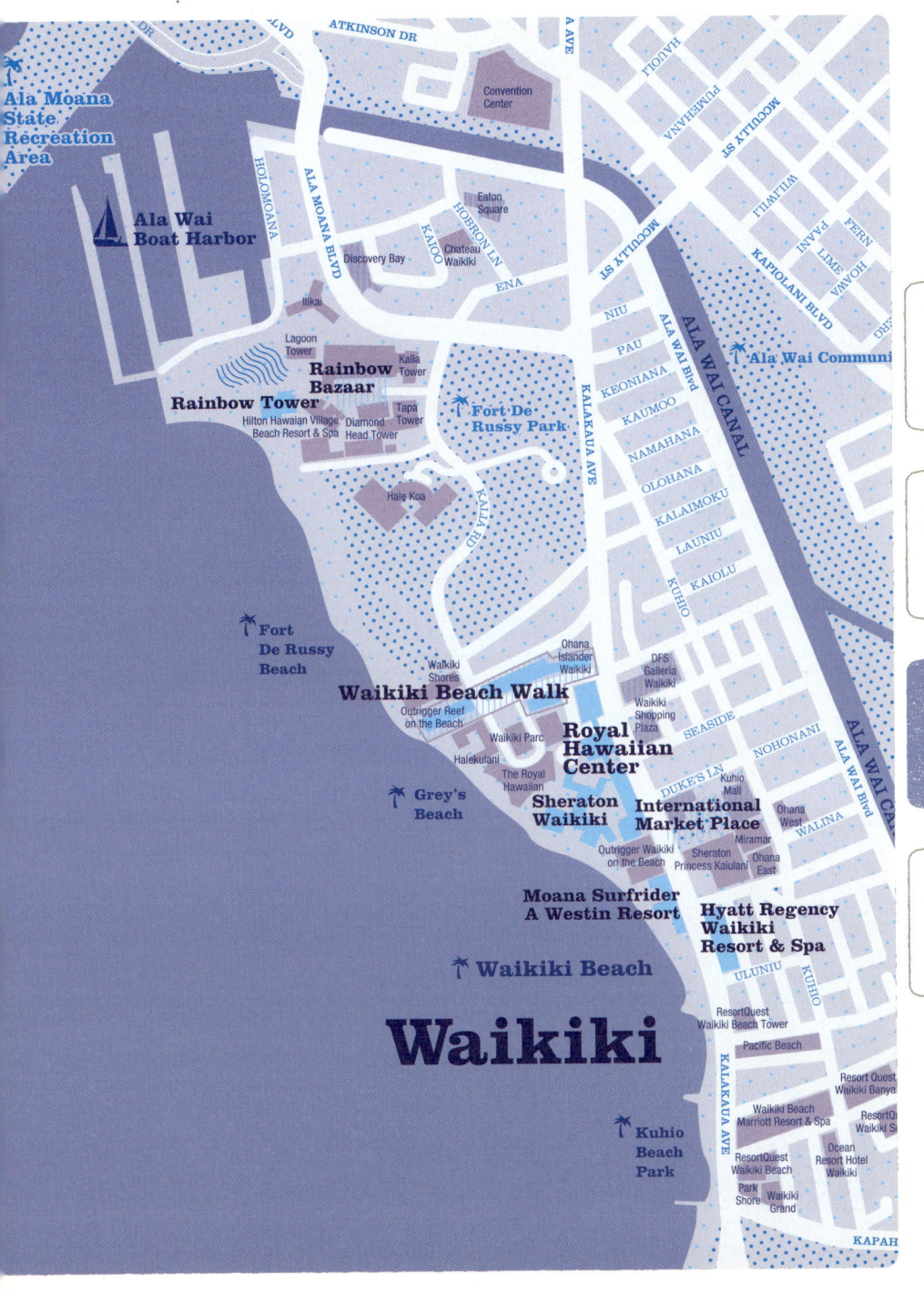

Ala Moana State Recreation Area

Ala Wai Boat Harbor

ATKINSON DR
Convention Center
Eaton Square
Discovery Bay
Chateau Waikiki
Ilikai
Lagoon Tower
Kalia Tower
Rainbow Bazaar
Rainbow Tower
Hilton Hawaiian Village Beach Resort & Spa
Tapa Tower
Diamond Head Tower
Fort De Russy Park
Hale Koa

Ala Wai Communi...

Fort De Russy Beach

Waikiki Shores
Ohana Islander Waikiki
DFS Galleria Waikiki
Waikiki Beach Walk
Outrigger Reef on the Beach
Waikiki Parc
Waikiki Shopping Plaza
Halekulani
The Royal Hawaiian
Royal Hawaiian Center
Kuhio Mall

Grey's Beach

Sheraton Waikiki
International Market Place
Sheraton Princess Kaiulani
Ohana West
Miramar
Outrigger Waikiki on the Beach
Ohana East
Walina

Moana Surfrider A Westin Resort
Hyatt Regency Waikiki Resort & Spa

Waikiki Beach

ResortQuest Waikiki Beach Tower
Pacific Beach
Resort Quest Waikiki Banya
Waikiki Beach Marriott Resort & Spa

Kuhio Beach Park

ResortQuest Waikiki Beach
Ocean Resort Hotel Waikiki
Park Shore
Waikiki Grand

下ごしらえ

基礎レシピ

応用レシピ

資料集

Recipe 16

CMYK 配色の工夫

パターンを利用して2色のみで作成した箱根周辺地図

1　等高線を作図する

2　標高ごとに4種類のパターンを作成する

3　パターンを標高ごとに反映させる

使用フォント：A-OTF リュウミン Pro R-KL、A-OTF 中ゴシック BBB Pro Medium
場所：神奈川、箱根周辺

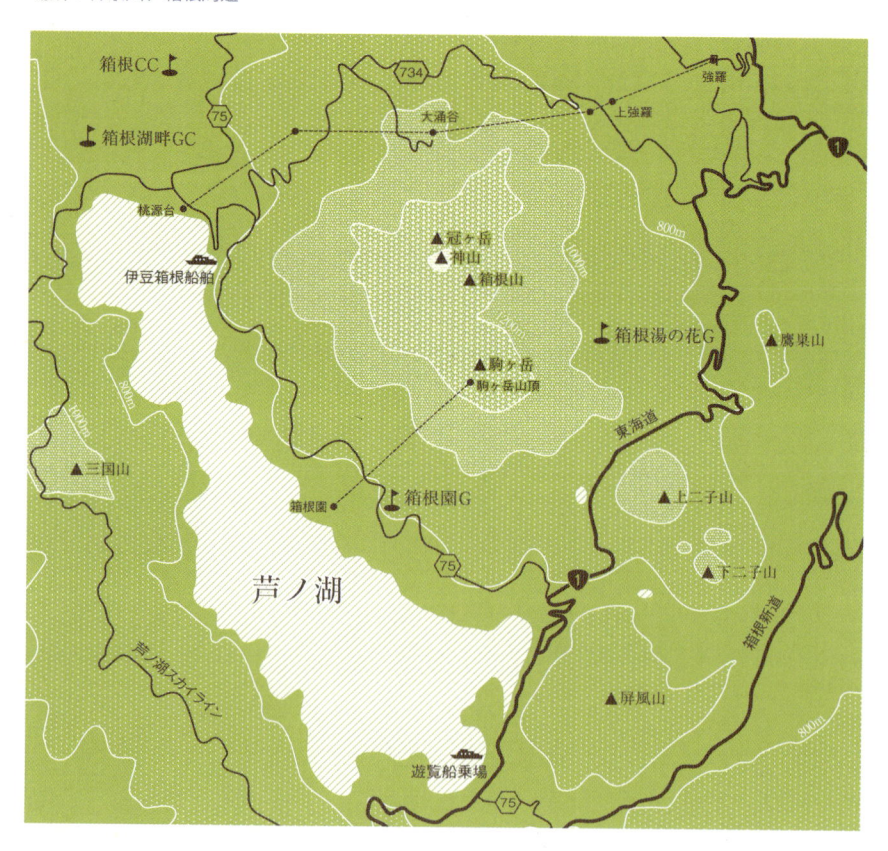

デザイン上の都合で、2色で地図を制作しなくてはならない場合、地図全体のベースとなる色と情報系の色を決め、アクセントに紙の色（白）を用いると都合3色で地図を作成することが出来ます。さらにパターンを用いて立体的なディテールを加えることも可能です。

30.10.80.0　　0.30.40.60

Section > 配色の工夫②

Step 01 800mから200mごとに等高線を線画で描きます。同じ高さの等高線を示すパスはグループ化しておきます。

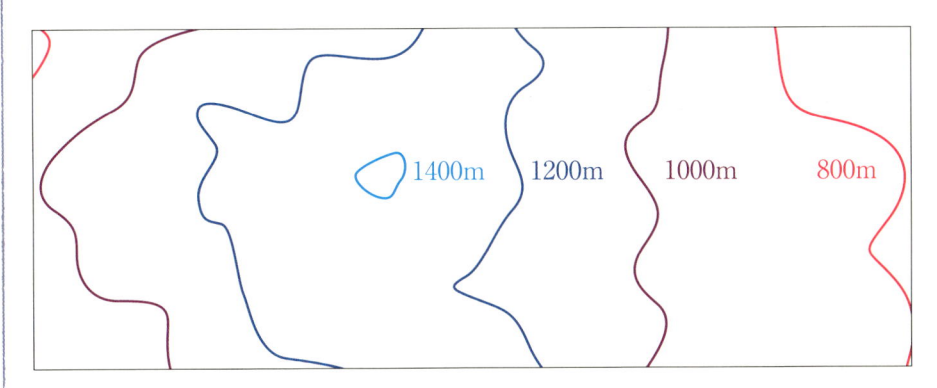

Step 02 800m、1000m、1200m、1400mで使用するパターンを作成します。重ねて配置した際に、上下のパターンが重なるよう、背景は透明になるように作成します。

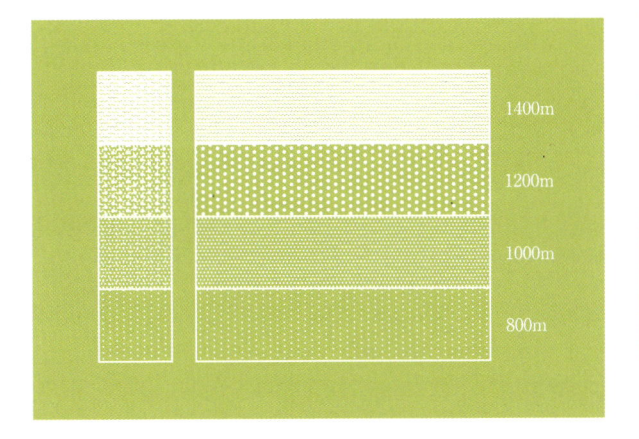

Arrange パターンを用いずにフルカラーで作成した場合の地図です。色数に制限がないため、等高線による標高の違いを色によって表現できます。しかし、落ち着いたデザインの地図を求められている場合は、アレンジ例のように使用する色数を制限すると良いです。

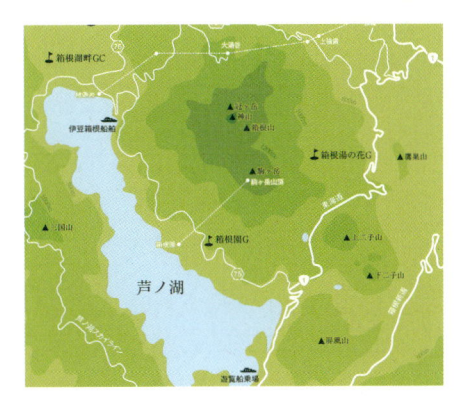

Recipe 17

パターンを利用して1色のみで作成した
リージェントパークマップ

CMYK 配色の工夫

1 地図の色を決め、［スウォッチ］パネルに登録する

2 公園用のパターンを作成する

3 パターンを反映させる

使用フォント：A-OTF ゴシック MB101 Pro R、A-OTF ゴシック MB101 Pro M、A-OTF 中ゴシック BBB Pro Medium
場所：イギリス、ロンドン、リージェントパーク

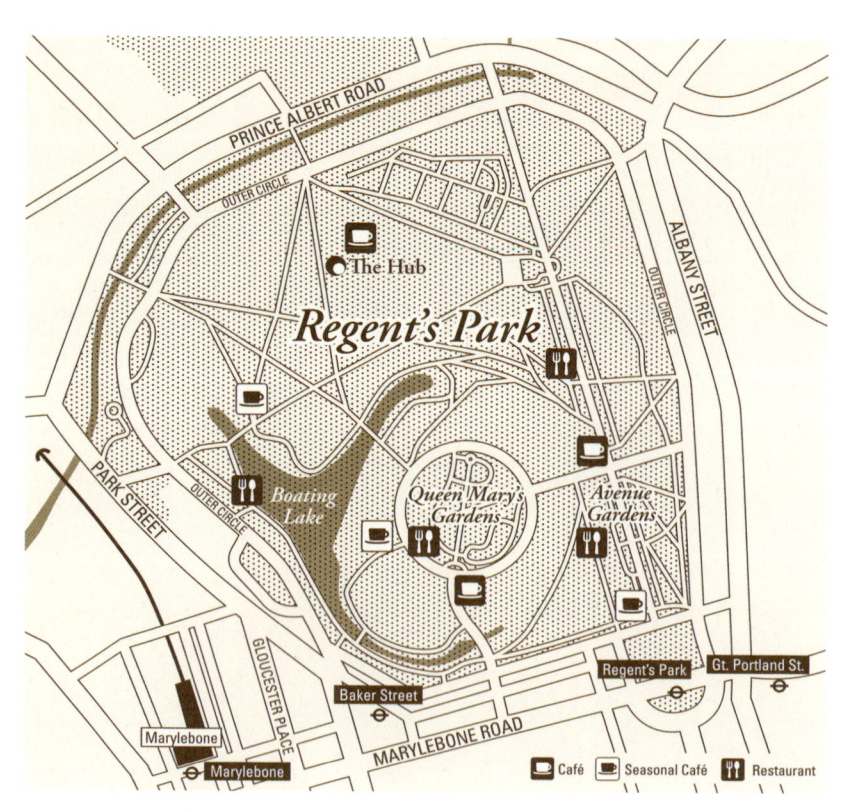

誌面上のデザインの都合で、1色しか使用出来る色がなかった場合、罫線やパターンテクスチャ、色の反転による抜き文字などを上手く利用して、各情報を明確に表現するように心がけます。

70.80.100.0

Section > 配色の工夫③

Step 01 スウォッチカラーを使用して公園用のパターンを作成します。

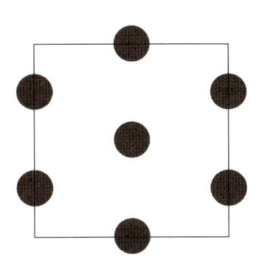

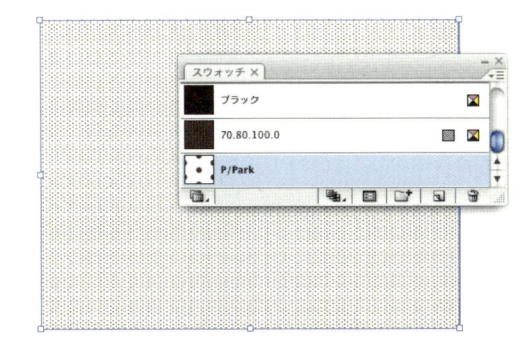

Step 02 公園内にレストランやカフェが点在するため、それらのアイコンを作成して配置します。これにより公園内が施設名で文字だらけにならずに済み、地図にアクセントが生まれ、情報にメリハリが生まれます。

Point 今回の地図は1色で作成しているため、公園の名称と道の罫線が重なっている部分が判読しづらくなるので、文字に縁取りを施します。詳しくは、p.17を参照してください。

Arrange ［スウォッチ］パネルの色を変更すれば別のカラーのマップを簡単に作成できます。

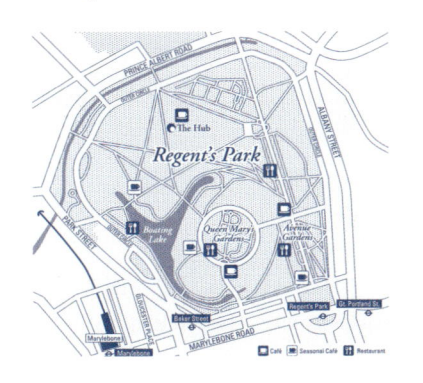

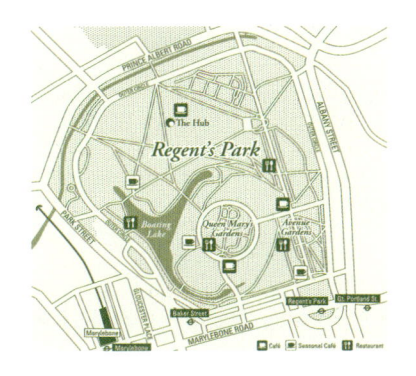

Recipe 18

同系色で作成した六本木界隈の
ミュージアムマップ

CMYK 配色の工夫

1 同系色を使って各要素の配色を決める

2 各要素にカラーを配色する

3 アクセントとなる要素を加える

使用フォント：A-OTF ゴシック MB101 Pro R、A-OTF ゴシック MB101 Pro M、A-OTF 中ゴシック BBB Pro Medium

場所：東京、六本木

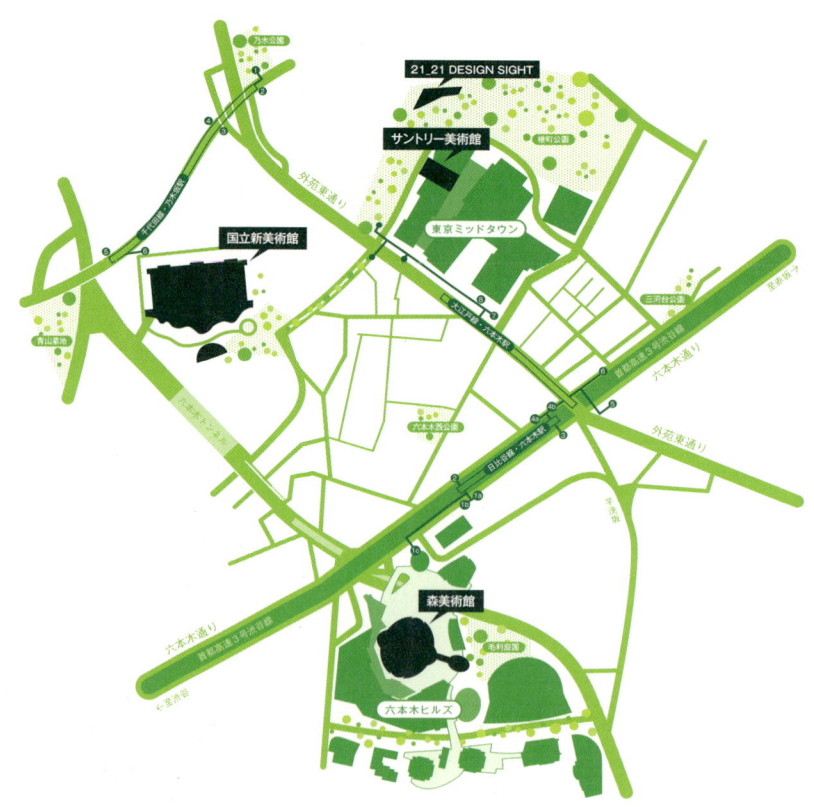

地図全体をひとつのテーマカラーで作成することで、地図で紹介している街のイメージをより膨らませることができます。サンプルでは緑を基調にして、六本木の大きな美術館と周辺の公園を紹介し、楽しいアート散歩を提案する地図として作成しました。

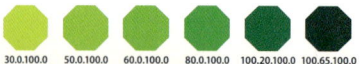

| 30.0.80.0 | 30.0.100.0 | 50.0.100.0 | 60.0.100.0 | 80.0.100.0 | 100.20.100.0 | 100.65.100.0 |

64

Section > 配色の工夫④

Step 01 地図内の各要素に使用するカラーを、同系色を使ったスウォッチカラーとして登録していきます。今回は緑を基調にしていますが街のイメージに合わせて色味を決定します。

― 一般道路
― 高速道路
― 地下鉄駅
・・・ 公園
■ ランドマーク
■ 美術館

Step 02 公園には不揃いなサイズの丸をランダムに配置し、薄いグリーンと濃いグリーンを用いて木々のイメージを加えています。こうしたちょっとした遊びを加えることで、同系色の地図でも単調にならず、アクセントをつけることが出来ます。

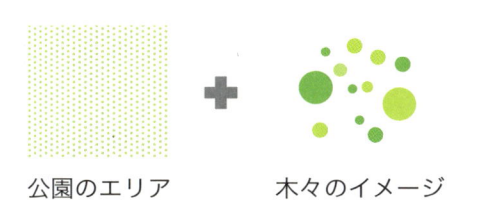

公園のエリア ＋ 木々のイメージ

Arrange 美術館など目的地だけを目立たせたい場合には、他の要素を目的地とは全く異なる色味に変化させます。アレンジ例では、目的地以外を無彩色に変更しています。

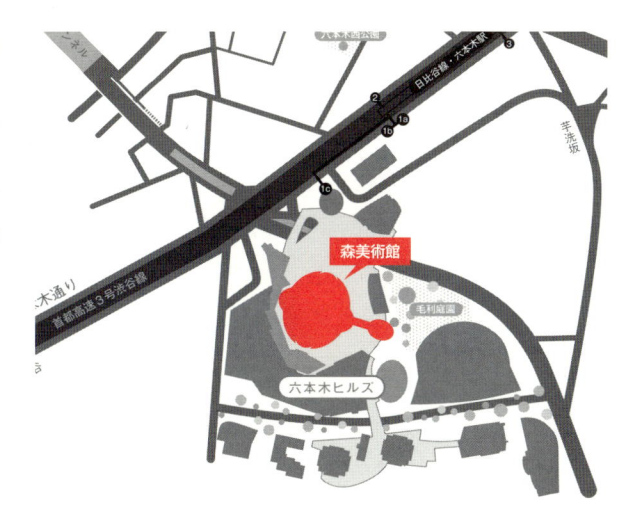

Recipe 19

CMYK 配色の工夫

高速道路をビジュアルアクセントにした
ユトレヒト郊外地図

1 アクセントカラーを作成する

2 各ポイントに着色する

3 ハイウェイにアクセントカラーを着色する

使用フォント：Helvetica 57 Condensed、Helvetica 67 Medium Condensed、Helvetica 77 Bold Condensed、Helvetica 75 Bold

場所：オランダ、ユトレヒト郊外

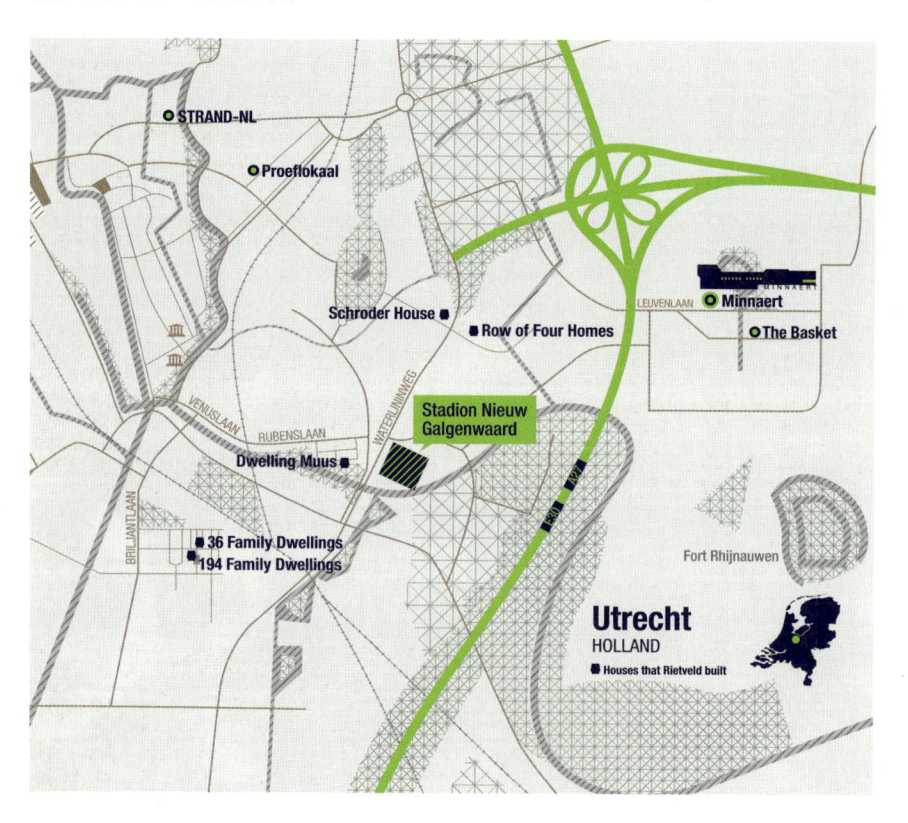

少ない色数で地図を作成する際には、アクセントカラーを使用して紹介ポイントを目立たせることが多いですが、地図情報にあたるハイウェイなどにも同じ色を使うことで、地図に遊びが生まれます。ユトレヒトと言えば、ディック・ブルーナが有名ですね。

| 0.0.0.50 | 40.40.50.0 | 10.0.15.30 | 45.0.100.0 | 100.100.40.0 |

Section ▶ 配色の工夫⑤

Step 01　[スウォッチ]パネルの新規スウォッチ作成で、アクセントとなるカラーを作成します。CMYK値でカラーを調整し、グローバルにチェックを入れます。

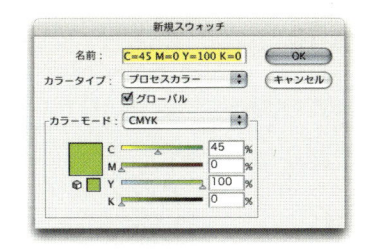

Step 02　紹介ポイントの色を、Step01で作成したカラーを使って着色します。

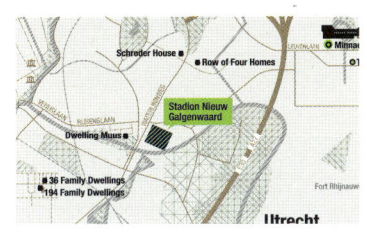

Step 03　今回は、ハイウェイ部分を地図のアクセントとするため、地図で用いている道路の色ではなく、紹介ポイントと同じアクセントカラーを線のカラーに設定します。

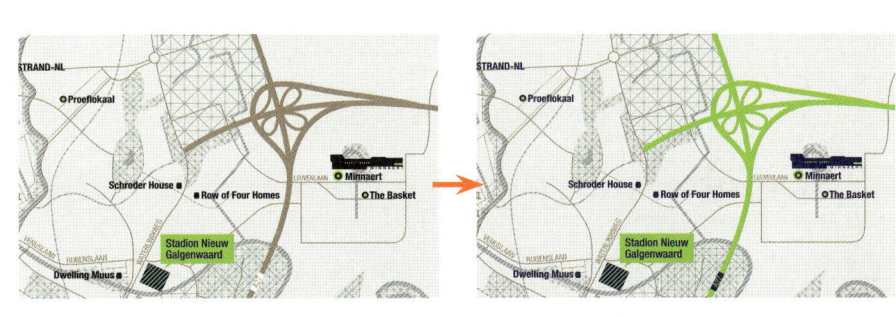

Arrange　[スウォッチ]パネルでグローバルにチェックを入れていますので、CMYKの設定を変更するだけで地図上のカラーを自動変換することができます。アクセントカラーを自由に変更して、全体のバランスを見てみましょう。

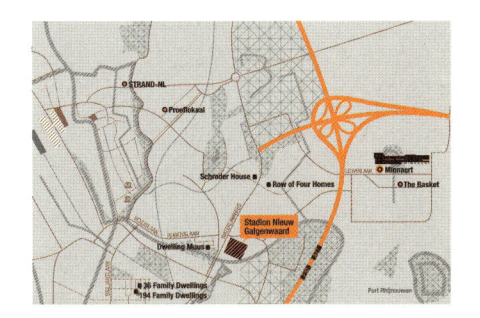

Recipe 20

CMYK 配色の工夫

恵比寿駅を中心に紹介ポイントを配置したガイドマップ

1 背景なしの恵比寿駅周辺地図を作成する

2 紹介ポイントを覆い隠すようにオブジェクトを作成する

3 背景用オブジェクトを最背面に配置する

使用フォント：Helvetica 45 Light、Helvetica 55 Roman、Helvetica 67 Medium Condensed、Helvetica 75 Bold

場所：東京、恵比寿・代官山駅周辺

恵比寿駅周辺のお店を紹介する地図です。完成後は、地図の周囲にお店の写真と詳細を配置することを想定しています。紹介店舗はアルファベットでマッピングし、さらにエリア自体を明確にイメージさせるために背景に色を敷いてあります。

0.0.0.100　30.30.40.0　15.100.100.5　0.5.20.0

Section > 配色の工夫⑥

Step 01 恵比寿駅を中心に、紹介ポイントを配置した地図を作成します。今回は恵比寿駅からのアクセスに特化していますので、駅からお店までの移動に必要のないエリアの道路は描かないままとします。

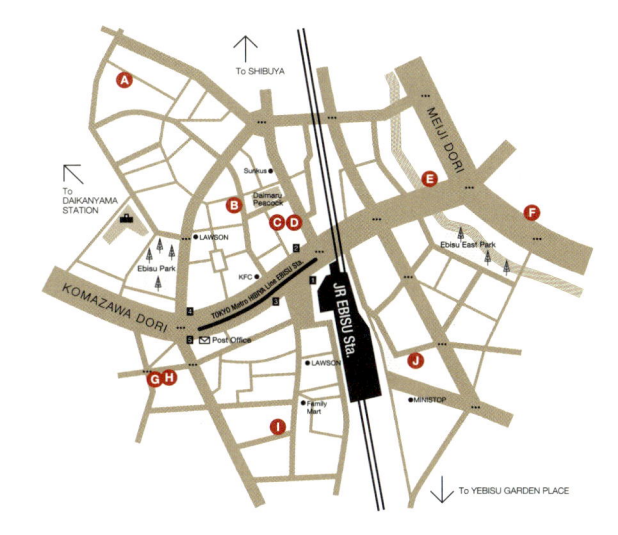

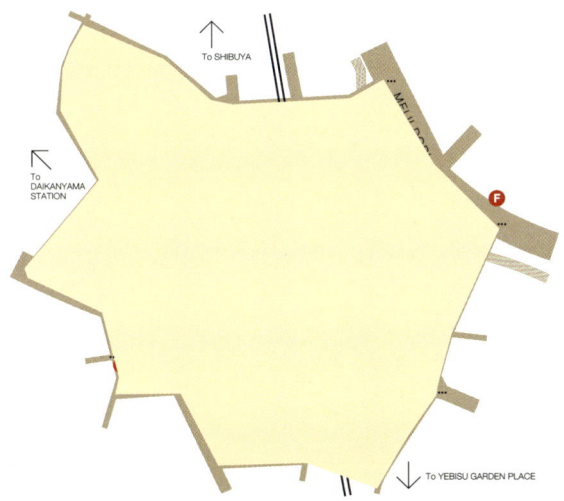

Step 02 駅からお店までの道を覆うように、[ペン]ツールを使ってオブジェクトを作図していきます。オブジェクトには地色となるカラーを設定します。

Step 03 Step02 で作図したオブジェクトを、[オブジェクト]メニューから[アレンジ](CS4 では[重ね順])→[最背面へ]を選び、背面に移動させます❶。

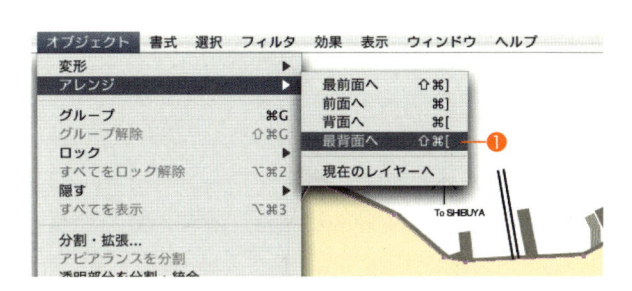

Recipe 21

ランドマークをイラストで表現した
上野公園周辺地図

1 建物のイラストを描く

2 建物をコピーする

3 背面に縁取り線を加えたシルエットを配置する

使用フォント：小塚ゴシック Pro R、小塚ゴシック Pro B
場所：東京、上野公園周辺

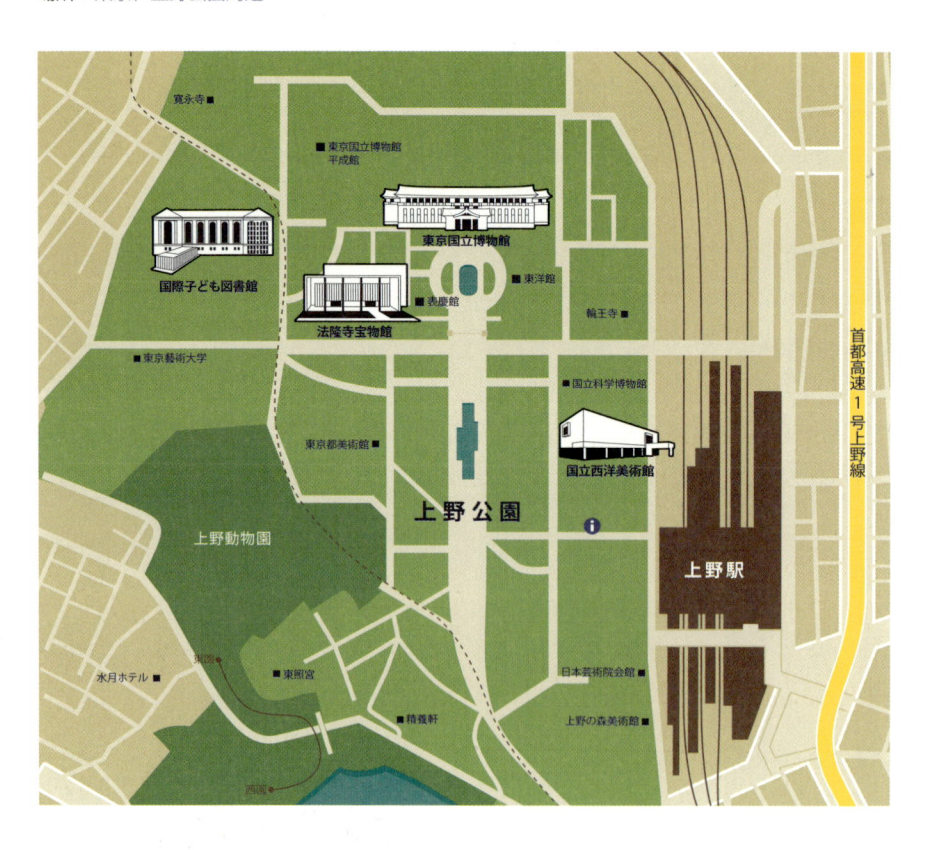

イラストマップを作成する際、特徴的な建物をイラストで描いて配置すると、その建物がランドマークとして機能してくれます。イラストには縁取りをつけることで存在感を与え、目立たせることができます。

Section > イラスト①

Step 01
国立西洋美術館の建物の外観イラストを描きます。実際に足を運ばなくても、インターネットで検索すると公式サイトであったり、旅行者が写真をアップしていたりと、簡単に多くの資料が集まりますので活用してみましょう。

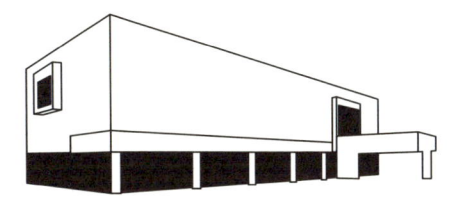

Step 02
建物外観のオブジェクトをコピー＆前面にペーストして、さらに隠しておきます。残った表示されているオブジェクトを［パスファインダ］パネルで合体して、線の設定を太くします❶。ここでパスの結合部分はラウンド設定にします❷。

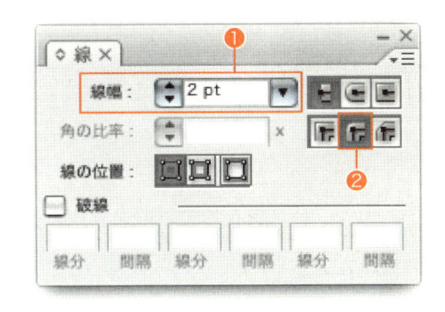

memo
サンプルのイラストでは、イラストのディテール部分の線を0.5pt、外のフチ線を2ptに設定してあります。フチ線用のオブジェクトを背面に配置することで、建物のディテール部分は細い線のまま、フチ線だけを太くすることが出来ます。

Step 03
先ほど隠していたオブジェクトを表示させ、グループ化すれば完成です。

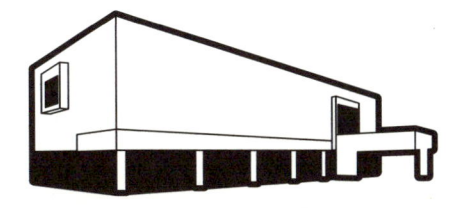

Arrange
白地と黒罫線だけで建物が目立ちすぎるようであれば、イラストを塗りだけで表現すると背景の地図に馴染みやすくなります。

Recipe 22

ランドマークをイラストで表現した目黒通りストリートマップ

イラスト

1. 建物を線画で描く
2. 建物内の紹介したい店舗部分にアクセントカラーを配色する
3. 建物を実際の通りに面した角度に回転させる

使用フォント：Letter Gothic Std Medium、Letter Gothic Std Bold
場所：東京、目黒通り

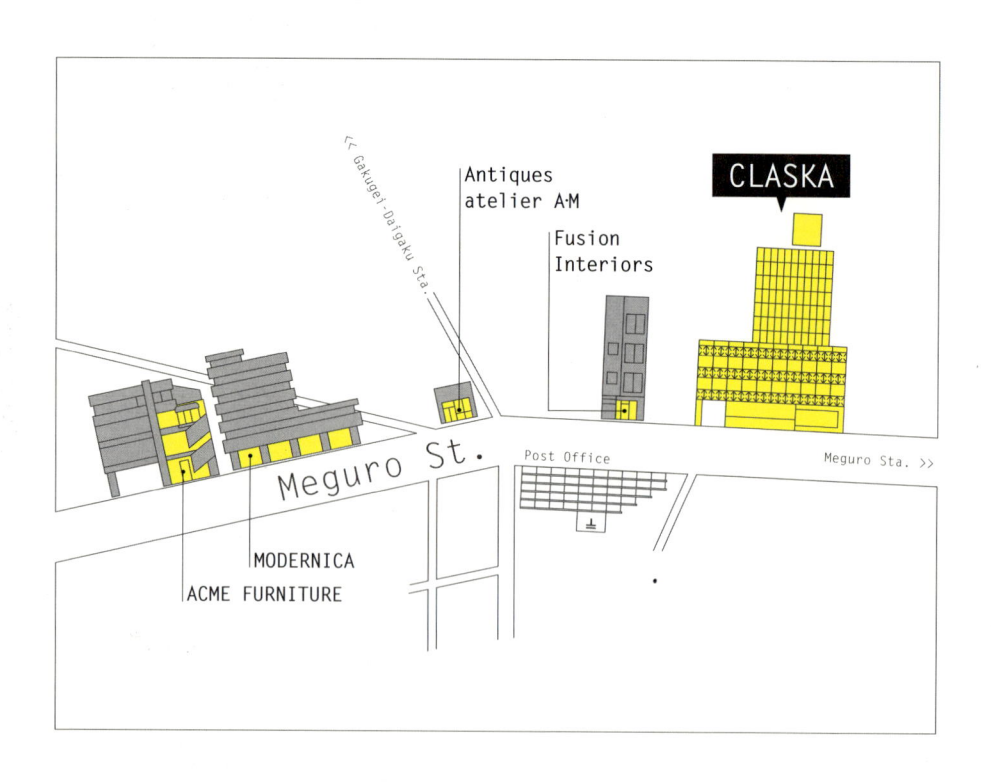

目黒通りに面したホテルCLASKAと周辺のインテリアショップのストリートマップです。ストリートマップでは、ランドマークとなる建物を通りに面した部分のみ描くと、実際に歩いて使用する際に分かりやすくなります。

0.0.100.0　0.0.0.30　0.0.0.80　0.0.0.100

Section > イラスト②

Step 01 レシピ21同様に、資料を参照しながら建物の外観を描きますが、今回は通りに面している部分のみを描きます。だいたいの特徴を残して、シンプルな線画にします。

Step 02 紹介したいショップの入った建物全体をイラスト化していますので、建物内の店舗部分だけをアクセントとなる色で着色します。［スウォッチ］パネルのカラーをドラッグして直接塗りたいオブジェクトの上で離すと着色されます。また、［ダイレクト選択］ツールでオブジェクトを選択してカラーを選ぶことも出来ます。

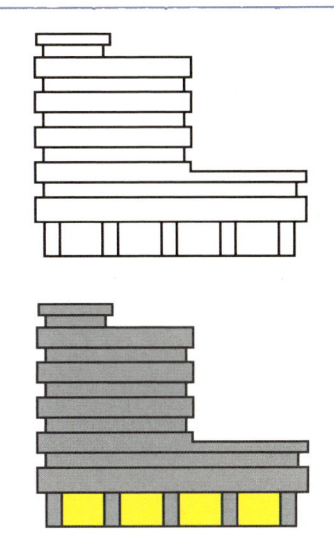

Step 03 通りに角度がついていますので、［回転］ツールを使って、建物の角度を道（黄色いライン）に合わせます。この時、回転の中心を建物の道沿いの端に移し、さらに［表示］メニューからアウトライン表示にすると作業しやすくなります。

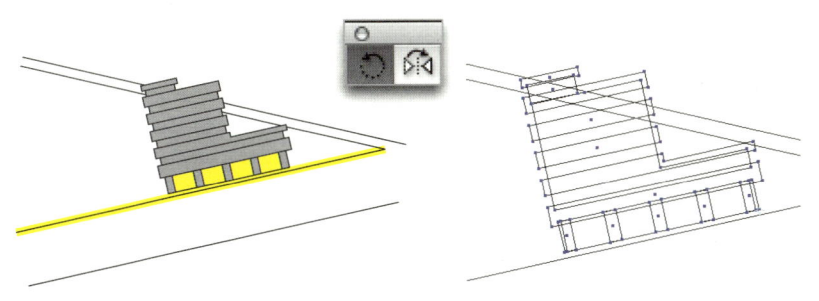

Arrange 地図にパースをつけてから、建物のイラストを［シアー］［拡大・縮小］［回転］ツールなどを駆使して配置していくと、ちょっと面白い鳥瞰図にすることも出来ます。

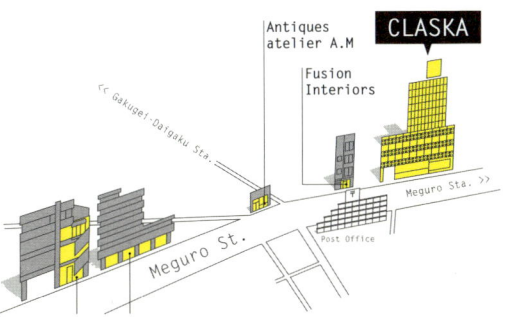

Recipe 23

汐留エリアの高層ビル群をイメージさせる地図

🏠 イラスト

1 地図上に施設の平面図を作成する

2 平面図を0.5mm移動で連続コピーする

3 各施設の高さを調節する

使用フォント：A-OTF 中ゴシック BBB Pro Medium
場所：東京、汐留周辺

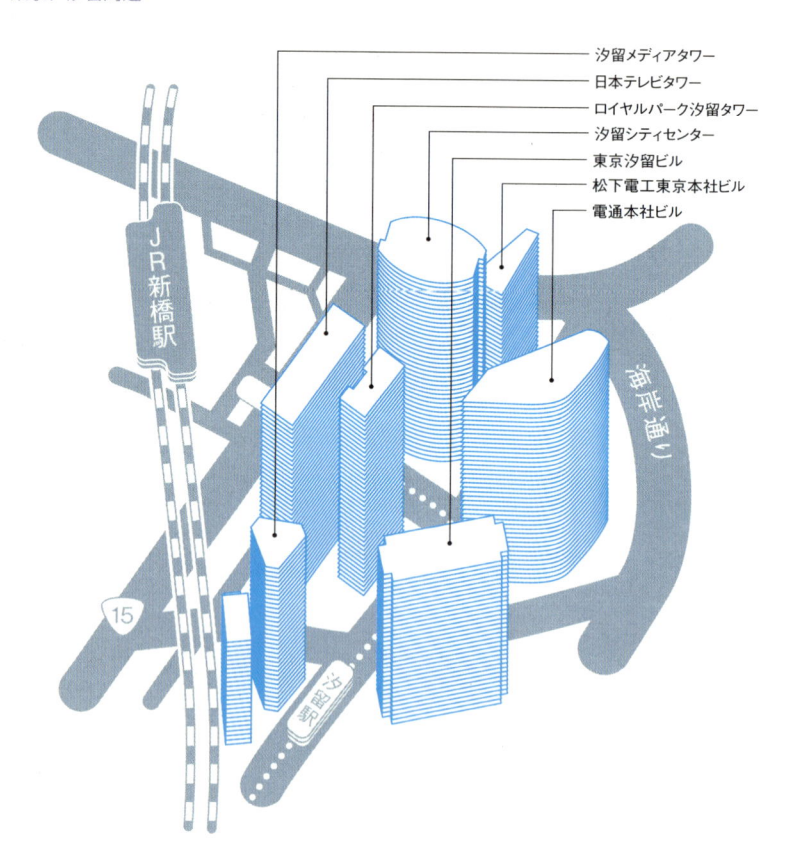

- 汐留メディアタワー
- 日本テレビタワー
- ロイヤルパーク汐留タワー
- 汐留シティセンター
- 東京汐留ビル
- 松下電工東京本社ビル
- 電通本社ビル

ビル街の地図では、建物を立体的なイラストで描くことにより、街の雰囲気が伝わりやすくなりますが、建物のイラストを作るのがちょっと苦手と言うあなた！ コピー＆ペーストを繰り返すことで、いとも簡単に高層ビルを立体的に描くことが出来ます。

30.0.0.20　80.0.0.0　0.0.0.100

Section > イラスト③

Step 01 立体的に見せたい施設の平面図を地図上に作成します。

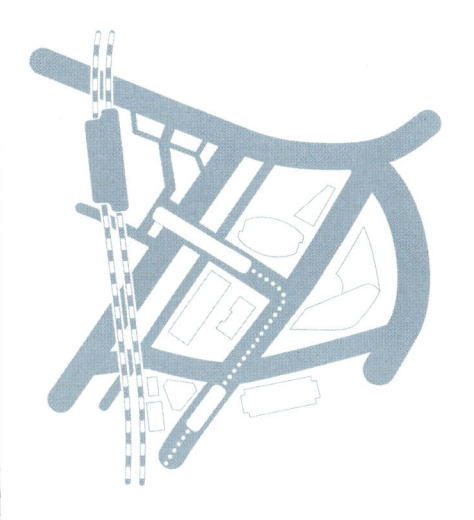

Step 02 立体にする建物のパスを選択して、[オブジェクト]メニューから[変形]→[移動]で垂直方向へ 0.5mm 移動＆コピーを繰り返します❶。

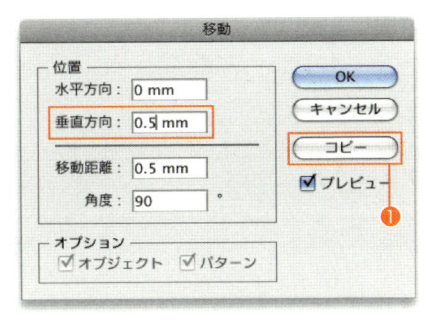

Step 03 各施設の大きさ（高さ、フロア数）に応じて、オブジェクトを削除して背の高さを調節します。

Arrange Step01 の平面地図を別の角度に回転させてから、Step02 以降の作業をすることで、左ページの作例では隠れていたビルも見えるように出来ます。

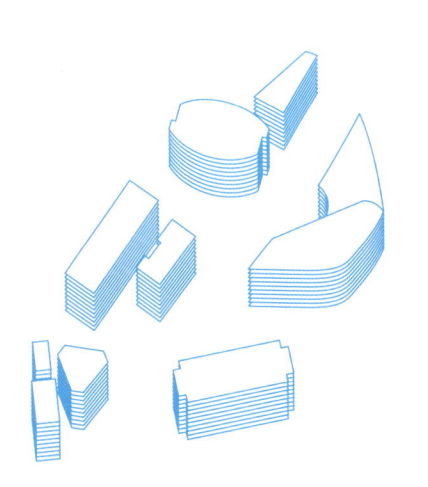

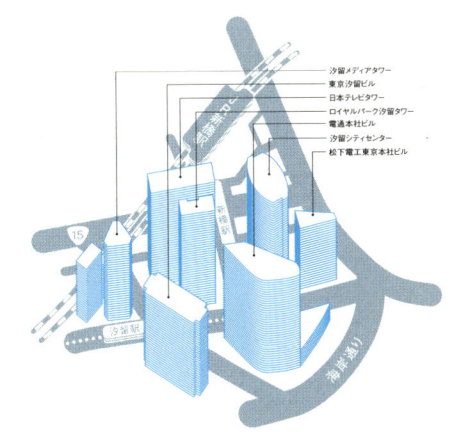

汐留メディアタワー
東京汐留ビル
日本テレビタワー
ロイヤルパーク汐留タワー
電通本社ビル
汐留シティセンター
松下電工東京本社ビル

Recipe 24

運河に影を加えて立体感を演出した
アムステルダムの地図

描画方法

1 陸地要素をまとめてグループ化する

2 ［ドロップシャドウ］を適用する

3 運河の色を設定したオブジェクトを下に配置する

使用フォント：Helvetica 67 Medium Condensed ／ Helvetica 57 Condensed ／ Garamond Premier Pro
場所：オランダ、アムステルダム

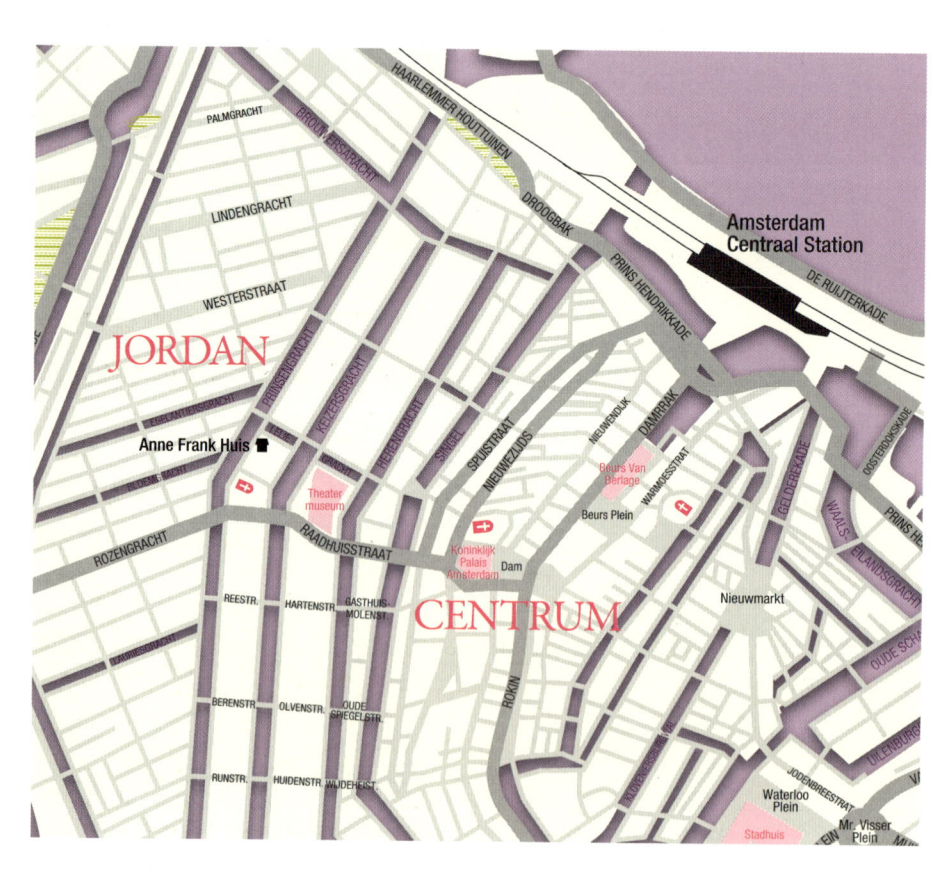

アムステルダムのように、細かく運河で仕切られている街並みを地図にするときには、運河や陸、道、橋などに影を加えることで、立体的なわかりやすい表現になります。

| 0.0.0.100 | 0.0.5.0 | 0.0.5.10 | 0.0.5.25 | 0.0.20.80 | 20.30.0.0 | 40.60.0.0 | 0.80.0.0 | 30.10.100.0 |

Section ▶ 描画方法①

Step 01 レイヤー別に作成した陸地や道路などのオブジェクトを全て選択し、[オブジェクト]メニューから[グループ]で、グループ化します❶。

Step 02 先ほどグループ化したオブジェクトを選択したまま、[効果]メニューの[スタイライズ]→[ドロップシャドウ]を選択します❷。今回の設定は、描画モードを乗算、不透明度を50%、Y軸に1mmオフセットさせ、ぼかしを1mmとして、カラーをK100%にしています❸。

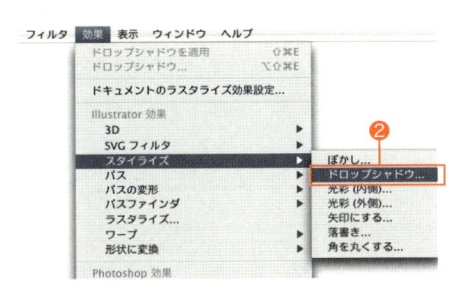

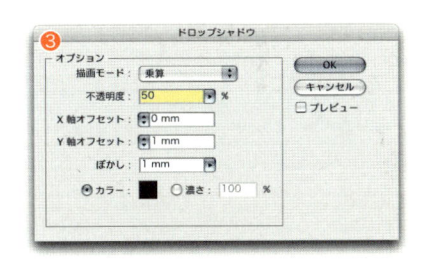

Step 03 最後に、運河の色を設定した四角いオブジェクトを、最背面に配置します。この時、新規レイヤーを作成してから、運河用のオブジェクトを配置しても良いでしょう。

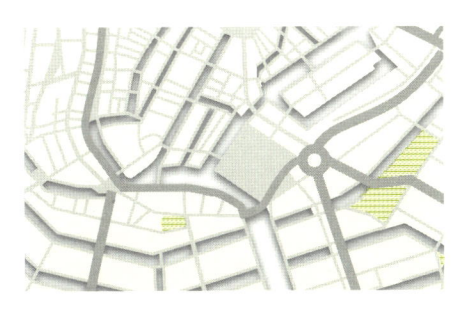

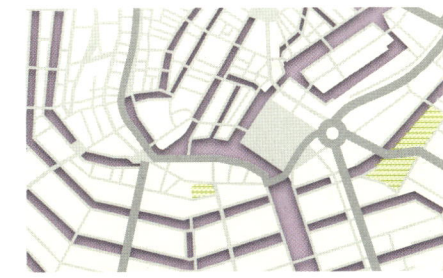

memo

Step01でグループ化しないと、図のようにオブジェクトごとにドロップシャドウが生成されてしまいますので、必ず陸地と道路をグループ化させておきましょう。

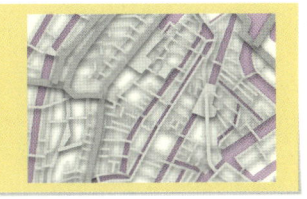

Recipe 25 — 海を段階的なグラデーションで配色したニュージーランドの地図

描画方法

1 島のアウトラインを［パスのオフセット］で拡大コピーする

2 ［パスのオフセット］を繰り返す

3 ［カラー］パネルの濃度指定で色を指定する

使用フォント：Adobe Garamond Pro Semibold、Adobe Garamond Pro Semibold Italic、Adobe Garamond Pro bold

場所：ニュージーランド

羊の頭数が非常に多くて有名なニュージーランド。太平洋に浮かぶ南北ふたつの本島は、日本列島にも似た特徴的な形をしています。周囲の海を配色する際にこの島の形を活かして、段階的に着色することで地図にアクセントを与えます。

90.0.50.0　90.100.20.0　0.10.100.0

Section > 描画方法②

Step 01 島の形をトレースしたパスを選択し［オブジェクト］メニューから［パス］→［パスのオフセット］を選びます。オフセットを 5mm、角の形状をラウンド、角の比率を 4 に設定します❶。生成されたパスを［パスファインダ］パネルで合体させます❷。

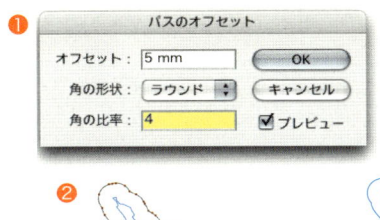

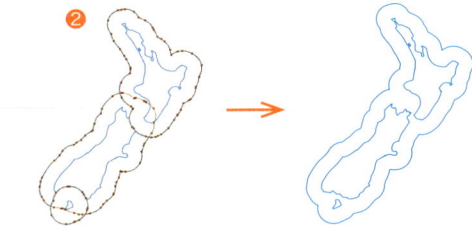

Step 02 Step01 で作成したオブジェクトを選択して、再び［パスのオフセット］を行います。この時、オフセットの設定を 5mm ではなく、先ほど 2 倍の 10mm とします。さらに同様の作業を繰り返しますが、オフセットの設定を 20mm と倍々となるようにします。

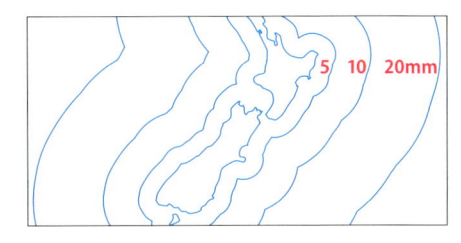

Step 03 海の色を［スウォッチ］パネルで作成し、［グローバル］にチェックを入れておきます。内側から順に、12.5%＞25%＞50%＞75%と徐々に濃くなるように［カラー］パネルで配色します。ちなみに、海の名称（Pacific Ocean など）は同じ色を 100%で配色しています。

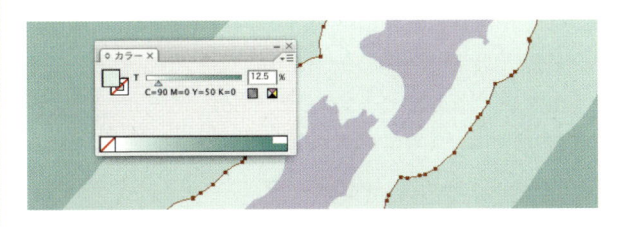

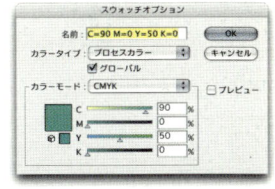

Arrange このレシピでは、海図の等深線をイメージしてパスを作成していますが、島の形を元にしているため、多少等深線がでこぼこしています。［パスのオフセット］で生成されたパスを下図にして、［ペン］ツールでなめらかなラインを書き直すとより自然で美しい仕上がりになります。

Recipe 26

描画方法

遠近感のあるハワイ島のパノラマ地図

1 ベースの地図を作図する

2 地図全体にパースをつける

3 情報を配置する

使用フォント：A-CID 太ゴ B101、Bodoni Poster、Helvetica 65 Medium、Helvetica 57 Condensed
場所：アメリカ合衆国、ハワイ州、ハワイ島

ハワイ島を空から眺めているような地図です。基礎レシピ（p.48 を参照）で簡単な鳥瞰図の作り方を紹介していますが、今回は実際に遠近感のある地形図を作成する方法です。

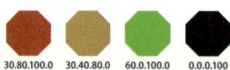

Section > 描画方法③

Step 01 パースをつけたい地図のベースを作図して、全てを選択します。サンプルは島の形状と周囲の海、主要道路です。

Step 02 ［自由変形］ツールで、バウンディングボックスの下側（左右どちらか）のコーナーハンドルをドラッグし、さらに⌘＋Option＋Shiftキーを同時に押しながらマウスを動かすと、パースのついた変形を行うことが出来ます。

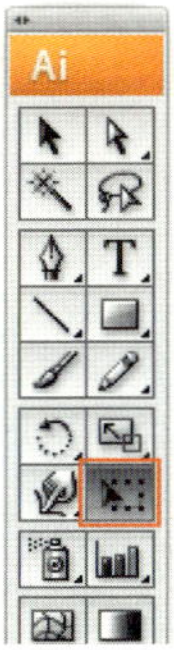

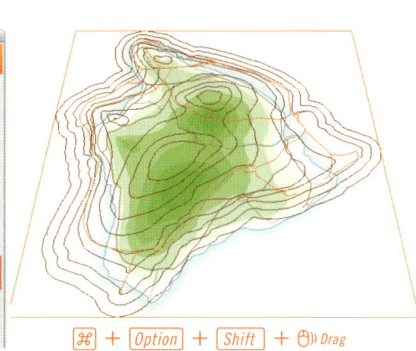

⌘ ＋ Option ＋ Shift ＋ Drag

Step 03 パースのついた地図上に、地図情報を配置します。文字情報まで大きさを変化させて遠近感をつける必要はありません。

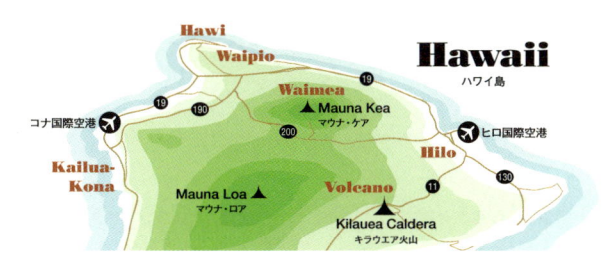

Arrange パースのつけ方には、他にエンベロープメッシュを使った方法もあります。ベースのマップを選択し、［オブジェクト］メニューから［エンベロープ］→［メッシュで作成］を選択し、行と列を「1」にします。あとは天地を縮小、四隅のアンカーポイントを［ダイレクト選択］ツールで調整します。

Recipe 27

立体的に描いたシチリア島の地図

描画方法

1 島のシルエットを作図する

2 ［3D］の［押し出し・ベベル］で立体的にする

3 ［アピアランスを分割］を行い細かいパスを合成する

使用フォント：Cochin Bold、Coshin Italic
場所：イタリア、シチリア州、シチリア島

イタリア南部、地中海に浮かぶシチリア島の地図です。海に浮かぶ島の地図は、立体的にすることで、島であることがイメージしやすくなります。

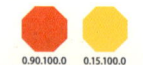

Section ＞ 描画方法④

Step 01 シチリア島を真上からの俯瞰で作図します。この時にあまり詳細な形にするのではなく、ある程度デフォルメしながらシンプルなラインで作図します。

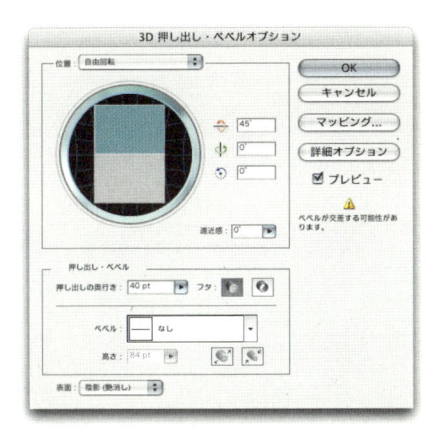

Step 02 Step01で作図した島のオブジェクトを選択したまま、［効果］メニューから［3D］→［押し出し・ベベル］を選択します。［位置］で［自由回転、X軸45度、Y軸0度、Z軸0度］、［押し出し・ベベル］を［押し出しの奥行き：40pt、フタ：側面を閉じて立体にする、ベベル：なし、表面：陰影（艶消し）］の設定で生成します。この時プレビューにチェックを入れて、画像を確認しながら作業をすると良いでしょう。

Step 03 立体的にした地図を選択して、［オブジェクト］メニューから［アピアランスを分割］を実行します。そのままだと立体の側面（島の崖に当たる部分）のラインが細かすぎるので、まとめたい部分を［ダイレクト選択］ツールで選択して、［パスファインダ］パネルで合体させます。

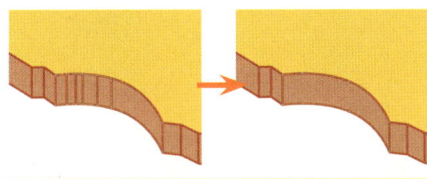

memo
右手前からの光源を意識しながら、側面に色の濃淡を加えるとより立体的に見えます。

Recipe 28

情報強化

アイコンと名称を併記した
ワイキキ・エリアマップ

1 手描きラフからアイコンを作図する

2 ［スウォッチ］パネルで配色する

3 行揃えに注意して情報を配置する

使用フォント： Helvetica 57 Condensed、Helvetica 57 Condensed Oblique、Helvetica 67 Medium Condensed

場所： アメリカ合衆国、ハワイ州、オアフ島、ワイキキビーチ周辺

特徴的なランドマークがなくても、公園やビーチ、ゴルフ場といった一般的な施設の横にちょっとしたアイコンを添えてあげると地図に楽しい雰囲気が生まれます。青い海、青い空、あ〜夢のハワイ。

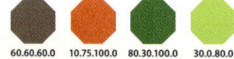

0.5.10.20　60.60.60.0　10.75.100.0　80.30.100.0　30.0.80.0

| Section ▷ 情報強化③

Step 01 今回はワイキキビーチ周辺地図なので、公園には椰子の木、ビーチにはサーファーなど、イメージを膨らませるイラストを手描きで準備。それを下絵に［ペン］ツールや、［長方形］ツール、［楕円形］ツールなどを使用してアイコンをパスで作図します。

Step 02 ［スウォッチ］パネルに登録してあるカラーを、それぞれのアイコンに配色します。

Step 03 アイコンを地図上に配置し、名称を併記させます。この時にアイコンの位置を基準に［段落］パネルで行揃えを設定します。基本は左揃えになっていますが、サンプルの「Kapiolani Beach Park」のような配置の場合、テキストオブジェクトのポイントをアイコンよりにして右揃えに設定します。

Waikiki Beach

Kapiolani Beach Park

Ala Wai Golf Course

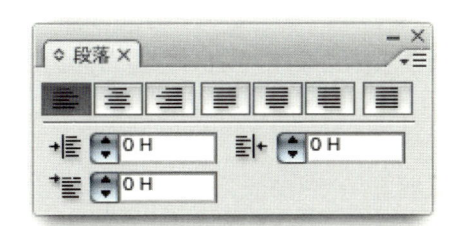

Recipe 29

情報強化

駅からカフェまでのアクセスを
フキダシを使って詳しく伝えている地図

1	広域地図と詳細地図を別々に作る
2	詳細地図を円でマスキングする
3	地図をレイアウトしてひとつにまとめる

使用フォント：Clarendon、Clarendon Light、Rosewood std Regular(Café Logo)
場所：ANNE CAFÉ のアクセスマップ （オリジナル）

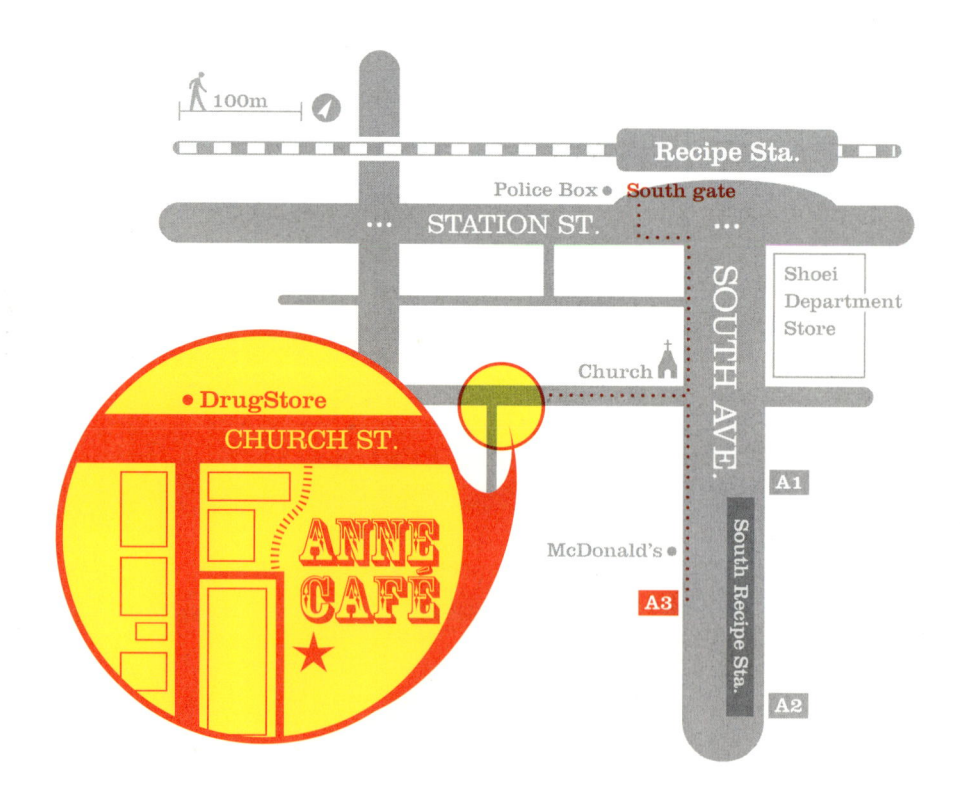

架空のお店「ANNE CAFÉ」のマップです。駅からのアクセスを紹介していますが、カフェの近くはフキダシマップで拡大して付近の詳細を加えてあります。また、お客さんが迷わないように、各駅の出口からのルートに破線を引いています。

Section > 情報強化④

Step 01 広域地図と拡大マップを別々に作成します。レイヤーを別にして作業すれば、同じファイル内でも問題ありません。

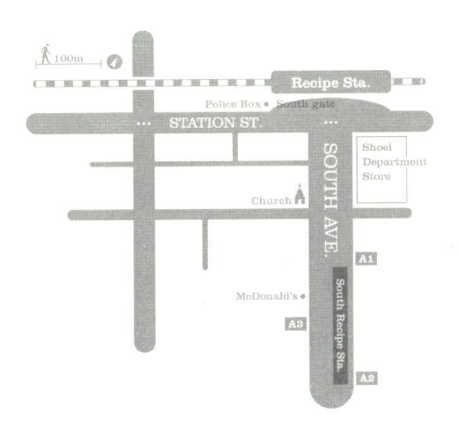

Step 02 拡大マップに適当な形のオブジェクトを載せ、まとめて選択したら［オブジェクト］メニューから［クリッピングマスク］→［作成］でマスクを施します。この時に同じ形のオブジェクトを拡大縮小比率を合わせて縮小して、広域地図にも配置します。これにより、拡大地図が広域地図のどの辺を差しているかが分かりやすくなります。

Step 03 各地図を適当な位置にレイアウトします。この時に広域地図から拡大している様子を曲線のパスを作成して引き立せます。

Point 広域地図と詳細地図が重なりあって配置されていますので、色による明確な違いを作りましょう。

Recipe 30

情報強化

ドバイの位置を示すための周辺広域地図

1 周辺国を含めて線画で作図する

2 国境線を細い点線、海岸線を太い実線に設定する

3 アラブ首長国連邦の国の形のみ、黄色く着色する

使用フォント：Helvetica 55 Roman、Helvetica 57 Condensed、Helvetica 57 Condensed Oblique、Helvetica 67 Medium Condensed、Helvetica 75 Bold
場所：アラブ首長国連邦（UAE）、ドバイ

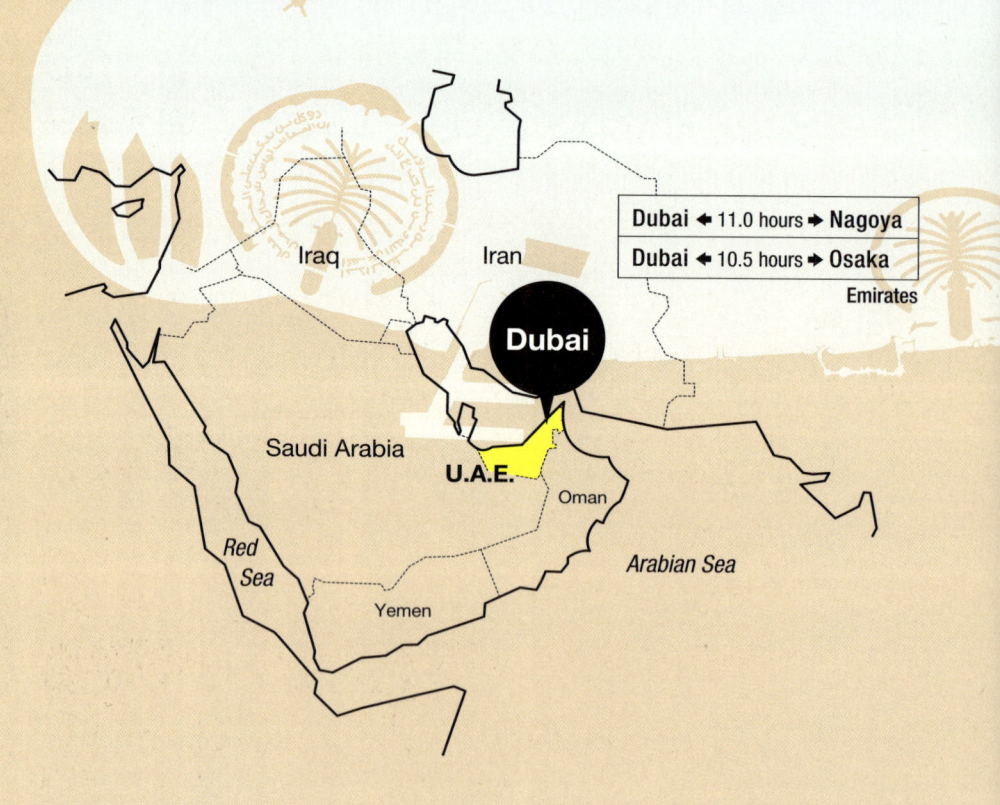

Iraq Iran

Dubai ← 11.0 hours → Nagoya
Dubai ← 10.5 hours → Osaka

Emirates

Dubai

Saudi Arabia

U.A.E.

Oman

Red Sea

Arabian Sea

Yemen

海外の都市の地図を描いた際には、周辺国との位置関係が分かるような補足地図を簡単に描き加えておくと親切です。ドバイはアラブ首長国連邦（UAE）にある7つの首長国のひとつ。地図の作成を通じて国際知識も自然と増えますね。

0.0.100.0   0.0.0.100

Section ▶ 情報強化⑤

Step 01 ペルシャ湾を中心にUAEを含めた周辺国の海岸線と、国境線を実線で描きます。UAEのシルエットはパスを閉じますが、それ以外の国や海岸線はパスを閉じる必要はありません。

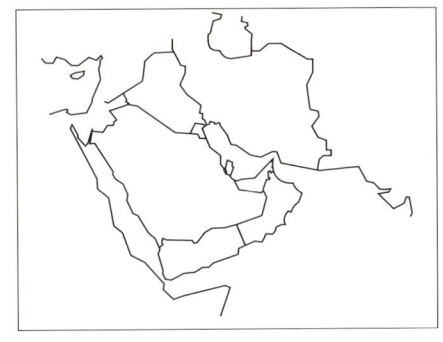

Step 02 海岸線を太さ0.8ptの実線、国境線を太さ0.3ptで、線分1pt、間隔0.5ptの破線に設定します。

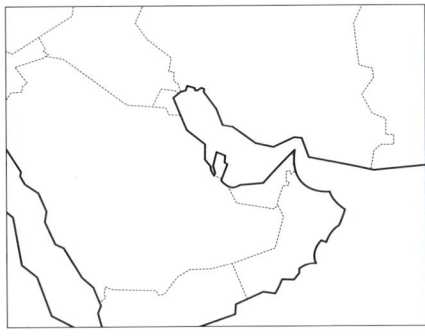

Step 03 Step01でパスを閉じて作成したUAEのオブジェクトのカラー設定をY100%にします。UAE以外の国は線のみで表現していますので、情報の少ない海上などに配置すれば、下に敷いてあるメインの地図よりも主張しすぎない、控えめでありながら十分な補足地図のできあがりです。

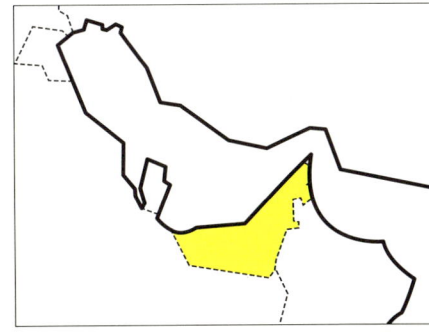

Point 罫線だけで表現していますので、文字が線にかかると読みにくくなります。その場合は、文字と重なっているパス部分に［アンカーポイントの追加］ツールでポイントを増やし、［ダイレクト選択］ツールで重なった線を削除します。

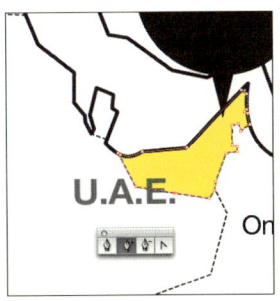

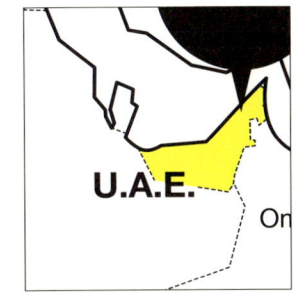

Recipe 31

簡略化

プラハの位置を示すための周辺広域地図

1 簡単な線でヨーロッパの国境を作図する

2 プラハだけではなく、各国の主要都市名を入れ込む

3 プラハのあるチェコだけベタ塗り、文字を白抜きにする

使用フォント：Univers 57 Condensed ／ Univers 57 Condensed Oblique
場所：ヨーロッパ

- LONDON
- BERLIN
- WARSZAWA
- FRANKFURT
- PLAHA
  Czech Republic
- PARIS
- WIEN
- BUDAPEST
- MILANO
- ROMA
- MADRID

ヨーロッパのチェコにあるプラハを紹介するような場合、ヨーロッパ全体における位置関係を示す地図が必要になることがあります。大まかな国境を描き、ポイントの塗りと線を反転させれば、簡単に位置を示すことができます。

0.90.100.0
0.0.0.0

Section ▶ 簡略化①

Step 01 ［ペン］ツールを使って欧州の地形を簡単なパスで作成します。同時に国境ラインも一緒に作成します。

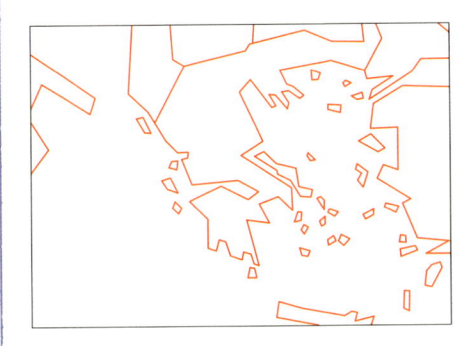

Step 02 ロンドンやパリ、ミラノなどの主要都市にポインティングします。

Step 03 目立たせたいチェコだけ国境内を赤ベタで塗りつぶし、プラハの都市名を白抜きで配置します。

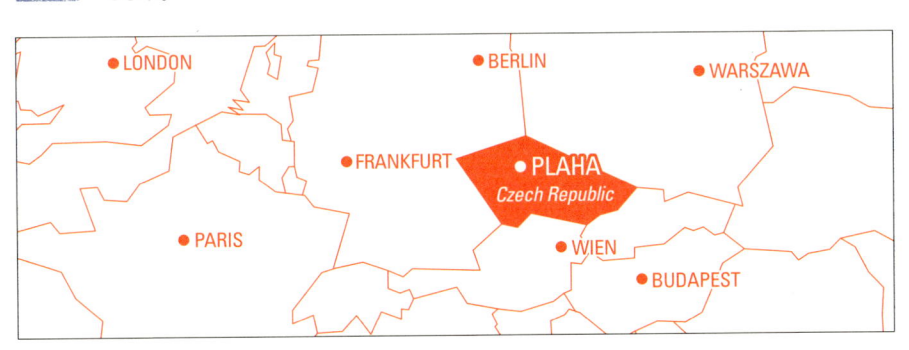

Point ［ライブペイント］ツールを使うと、閉じていないパスで構成された面でも塗りつぶすことができます。［ダイレクト選択］ツールで国境線を構成しているパスの集まりを選択し、［ライブペイント］ツールでクリックすると［ライブペイントグループ］が作成されます。これにより直感的な配色を行うことができます。

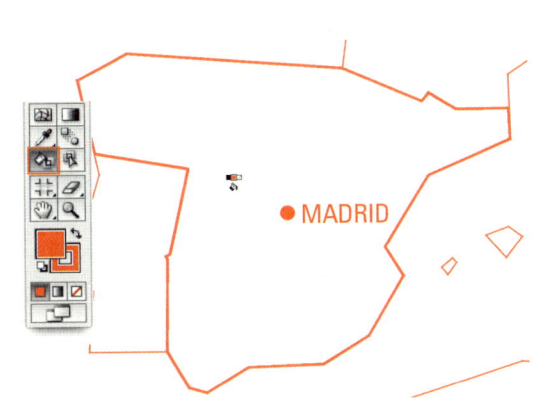

Recipe **32**

簡略化

カラフルなドットで表現した北欧の地図

1 地図全体を覆うように丸を敷き詰める

2 不要な丸を削除する

3 国別に国旗に合わせたカラーで着色する

使用フォント：Helvetica 75 Bold
場所：北欧

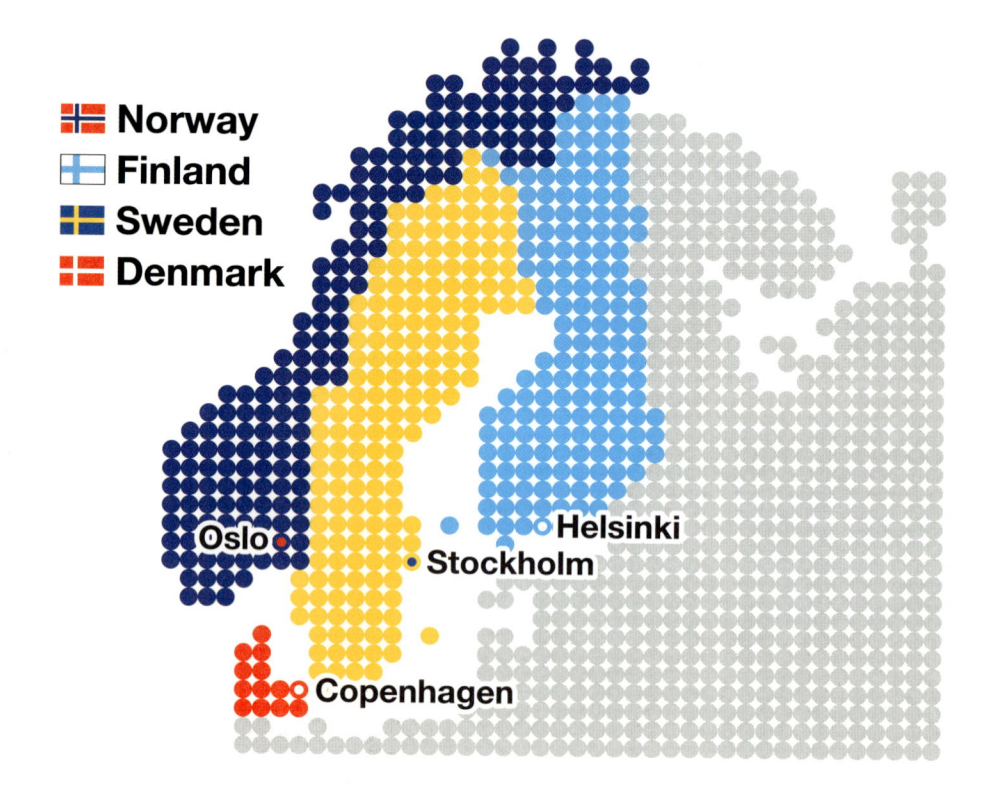

🇳🇴 **Norway**
🇫🇮 **Finland**
🇸🇪 **Sweden**
🇩🇰 **Denmark**

Oslo
Helsinki
Stockholm
Copenhagen

「北欧」と言えば、デザイン的に秀でたイメージが持たれていますので、今回はドットを用いたかわいらしいスカンジナビア半島の地図を作ってみました。敷き詰めた円形がデンマークの「LEGO」を連想させます。

| 0.0.0.15 | 65.0.0.0 | 0.20.100.0 | 100.80.0.0 | 0.100.100.0 | 0.0.0.100 |

Section > 簡略化②

Step 01

直径 2mm の丸を［オブジェクト］メニューから［変形］→［移動］で、水平に 2mm 移動させてコピーをします❶。［オブジェクト］メニューの［変形］→［変形の繰り返し］で繰り返しコピーをして、スカンジナビア半島をカバー出来るまで横一列に丸を増やします❷。次にコピーした丸一列を全て選択し、垂直方向に-2mm コピーを繰り返します❸。

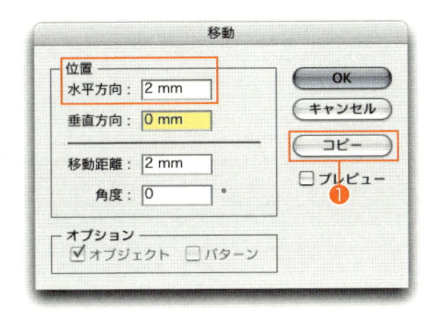

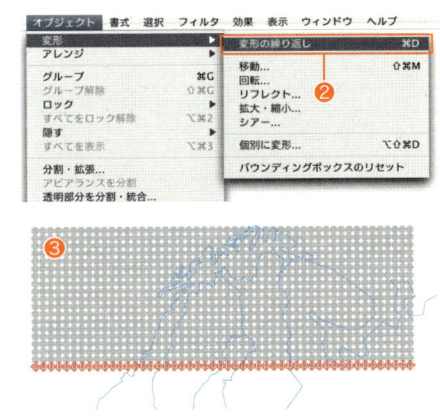

Step 02

スカンジナビア半島の図を元に、海の領域である丸を選択して削除します。

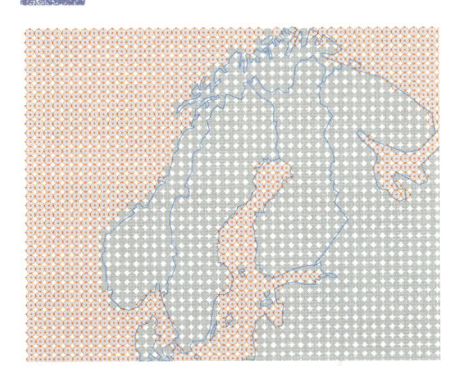

Step 03

ノルウェー、フィンランド、スウェーデン、デンマークの国別に丸を配色します。各国の国旗の特徴的な色を抽出するとイメージしやすくなります。

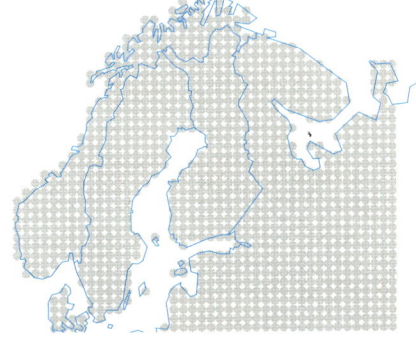

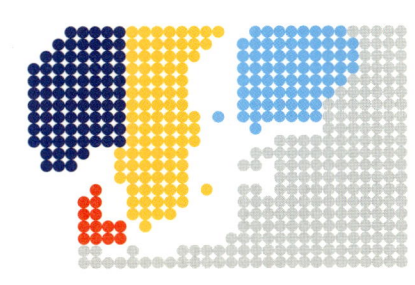

Recipe 33

簡略化

角度制限で描かれた英国の地図

1. グリッドの設定値を変更する
2. グリッドにスナップさせながら、トレースする
3. 配色をし、テキストを配置する

使用フォント：Futura Book、Futura Book Oblique、Futura Bold
場所：イギリス

イギリスの正式国名は「グレート・ブリテンおよび北アイルランド連合王国」。最近では「United Kingdom」を訳して「U.K.」と呼ぶのがクールなようです。と言うことで、地図もシンプル＆クールに仕上げてみましょう。使用する線の角度を制限することで簡略化します。

94
100.100.40.0　20.100.100.0　0.0.10.50

Section ▶ 簡略化③

Step 01
［Illustrator］メニューから［環境設定］を開き［ガイド・グリッド］のグリッド設定を変更します。［スタイル：実線、分割数：5］に変更し、［背面にグリッドを表示］のチェックを入れます。［OK］をクリックしたら地図の下図を配置してグリッドを表示させます。

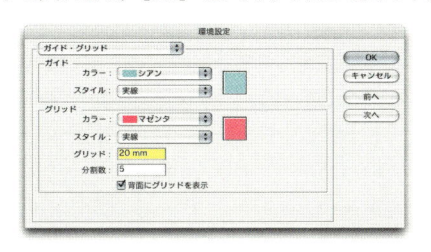

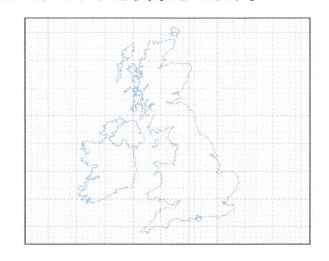

Step 02
［ペン］ツールを使い、下図をザックリとトレースしていきます。この作業の際に［表示］メニューで［グリッドにスナップ］のチェックを入れておくと、グリッドのマス目に強制的にポイントが吸着してくれます。

Step 03
［スウォッチ］パネルのカラー設定をイギリス国内を60%、アイルランドエリアは20%で設定します。最後に主要な地名と国名を配置、配色して完成です。

Arrange
Step02でトレースしたオブジェクトを選択し、［効果］メニューから［スタイライズ］→［角を丸くする］を選択します。ここで角丸の半径を2mmにすると柔らかい印象の地形図にアレンジできます。サンプルでは、カラーとフォントも変えています。

Recipe 34

角度制限で描かれたカナダ山間部の地図

1 地図の下絵を準備して、スキャニングする

2 地図の下絵を配置する

3 [Shift] キーを押しながらトレースする

使用フォント：Helvetica 57 Condensed、Helvetica 67 Medium Condensed、Helvetica 75 Bold
場所：カナダ、ジャスパー・バンフ周辺

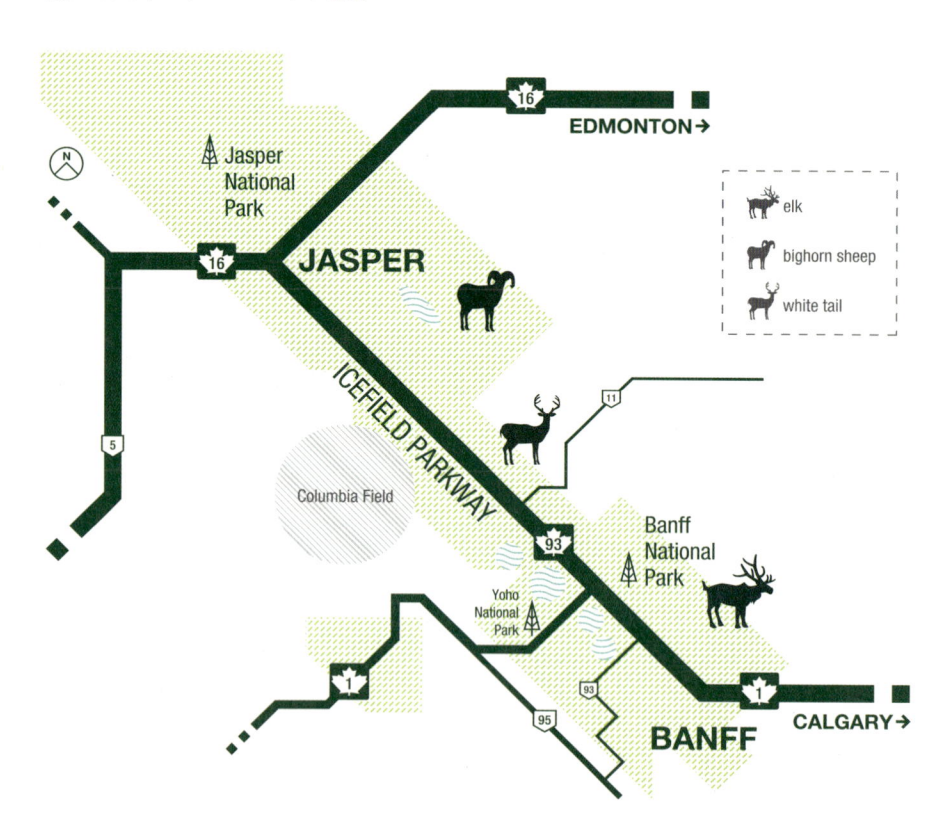

山間部の道路や公園は、垂直水平なラインで構成されることはあまりないのですが、あえてシンプルに真っ直ぐなラインだけで構成することで、地図をモダンな仕上がりにすることが出来ます。カナダの大自然でのトレッキングを夢見て作りました。

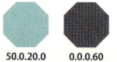

100.55.100.0　30.0.80.0　5.0.0.15　50.0.20.0　0.0.0.60

Section > 簡略化④

Step 01 必要な要素を整理しながら、鉛筆で下絵を描きます。この時にアイコンなども一緒に考えてみましょう。出来上がったら、描いた図をスキャニングします。下絵用なので解像度は150dpi程で十分です。

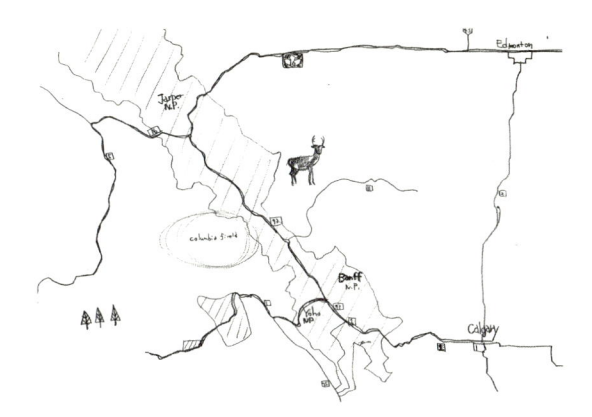

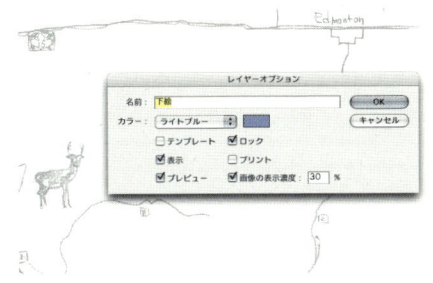

Step 02 ［ファイル］メニューから［配置］で、スキャニングした画像を選択して下絵用のレイヤーに配置します。［レイヤー］パネルから［レイヤーオプション］を開いて、［プリント］のチェックを外し、［画像の表示濃度］を30％にします。この濃度は自分が見やすい数値でかまいません。

Step 03 下絵とは別レイヤーを設けて、［ペン］ツールで道路からトレースしていきます。今回は詳細な地図ではなく、ざっくりと公園や道路、都市などの位置関係を示すための地図なので、道路などは直線的に簡略化します。そのため［ペン］ツールで描画するときには Shift キーを押しながら、45度、90度、180度と角度制限を与えています。

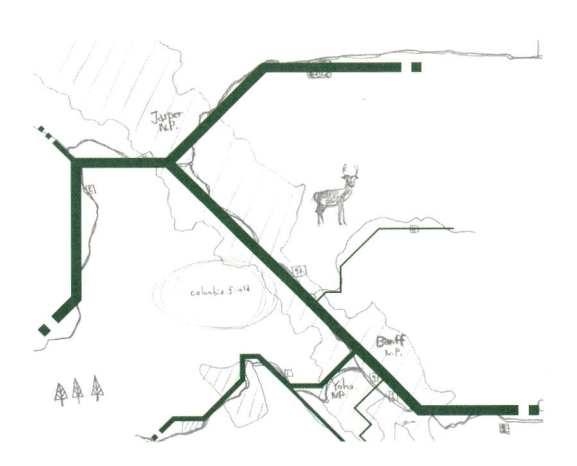

Point 地図の要素が直線的で鋭角なイメージで構成されていますので、動物のシルエットアイコンはリアルな形で入れると、道路と同じ色を用いても目立って見えます。

Recipe
35

手描きの雰囲気を演出した京都・祇園の地図

描画方法

1 通りと川を袋線で描く

2 オブジェクトの線をブラシ設定に変更する

3 閉じているパスを削除する

使用フォント：A-OTF 陸隷 Std
場所：京都、祇園周辺

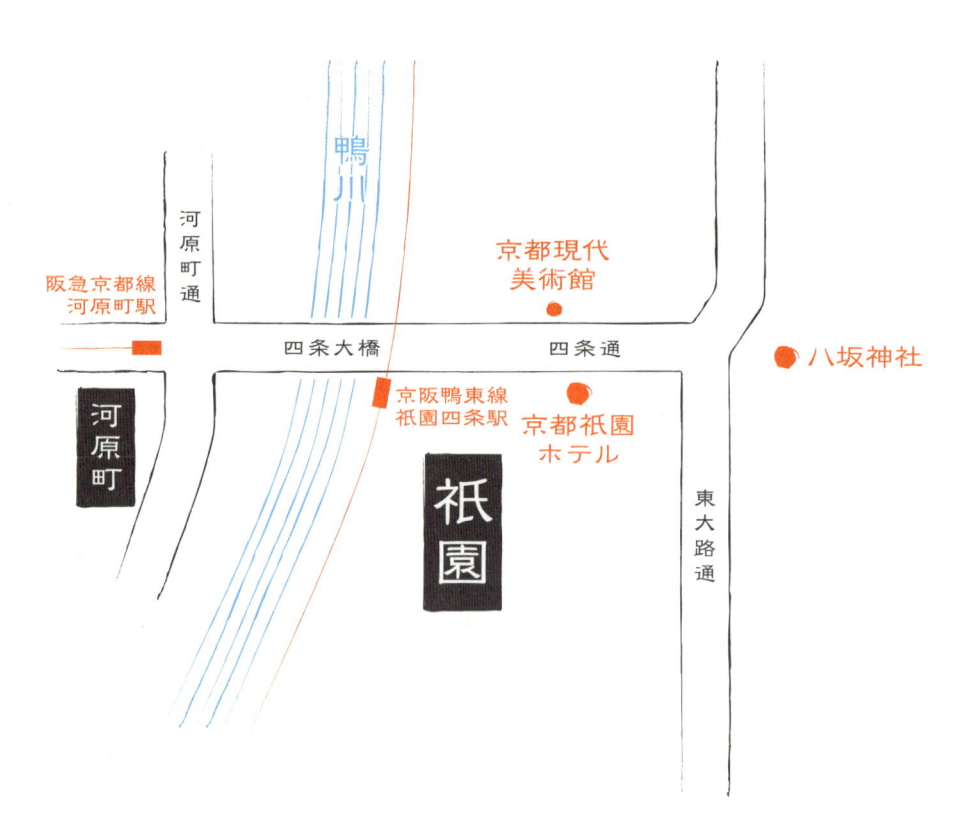

Illustratorにデフォルトで登録されているブラシを使えば、手描きの雰囲気を簡単に演出できます。ブラシの効果を前面に出しすぎるともっさりした（野暮な）地図になってしまいますので、さりげなく使うのがポイントです。

Section ▶ 描画方法⑤

Step 01 必要な道と川を［ペン］ツールで描きます。線の幅を太くし、［オブジェクト］メニューから［パス］→［パスのアウトライン］を選び、さらに塗りの設定を変更して袋線を作ります。

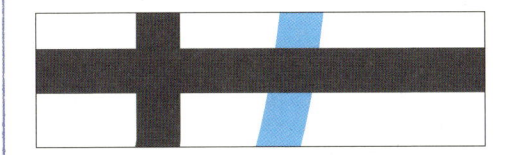

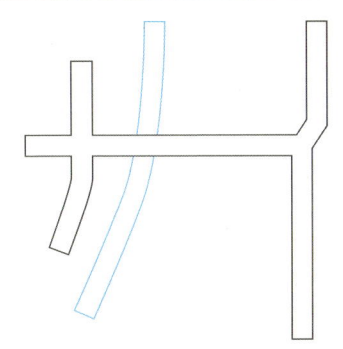

Step 02 ［ウィンドウ］メニューの［ブラシライブラリ］から［アート］→［アート_木炭・鉛筆］を表示させ、オブジェクトの線を［鉛筆（細）］に変更します。

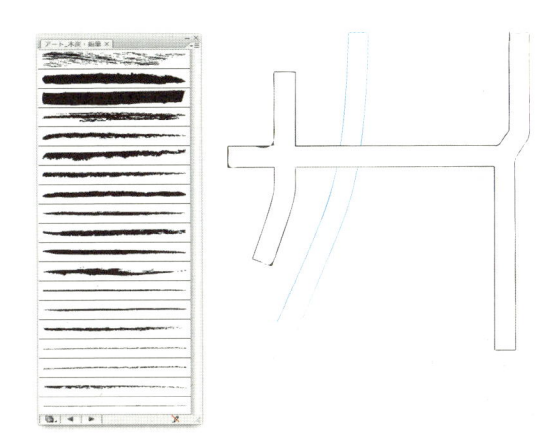

Step 03 道と川の端の閉じている部分に、［アンカーポイントの追加］ツールでポイントを追加し、［ダイレクト選択］ツールで追加したポイントを削除します。

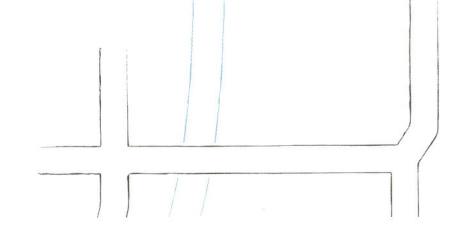

Point 同じように、ポイントとなる丸や四角のオブジェクトの線にもブラシを設定します。アイコンとして目立たせるために、右端のようにべた塗りにしておくと使いやすいでしょう。

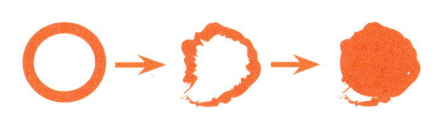

葉の形をベースにした花屋のアクセスマップ

1 葉のシルエットを作図する

2 葉脈のイメージで道路を描く

3 地図情報を配置する

使用フォント：Chalkboard Regular、Chalkboard Bold
場所：ever green の店舗マップ（オリジナル）

地図のベースにイラストを使うことで、どんなお店なのかを伝えることができます。サンプルは花や観葉植物を販売しているショップ「ever green」の地図と言う設定で、歯の葉脈を活かしたデザインとなってます。

| Section ▶ イラスト④

Step 01 ［ペン］ツールを使って葉のシルエットを作図します。

Step 02 葉の中に道路を描きます。この時に葉の葉脈をイメージさせるために、アンカーポイントのハンドルの向きを調整して道を少しだけアーチ状にします。

Step 03 地図上に、通りの名前や目印となる店情報などの必要な情報を配置させます。アイコンを使うと効果的です。

Arrange 他にも身近なモチーフを利用して楽しい地図を作ることが出来ます。同じ地図の内容で、カップに注がれたコーヒーとミルクのイメージを利用したコーヒーショップの紹介地図（左）、ハンバーガーのバンズに地図を載せたお店紹介地図（右）です。

Recipe **37**

テープのイメージを活かした原宿キャットストリートマップ

描画方法

1 テープを切り取った際のギザギザを作図する

2 テープ本体の長方形とギザギザを合体させる

3 通りの名称を連続配置する

使用フォント：Helvetica 75 Bold、Cargo D Regular
場所：東京、原宿キャットストリート

DKNY CATSTREET
O-STORE Harajuku
BURTON STORE

GYRE

AJUKU CAT STREET　CAT STRE

OMOTESANDO

hummel

hhstyle.com

adidas

黄色に墨文字の「CAUTION」テープのイメージから発想を得て、連続して書かれている文字をストリート名称に変えたストリートマップを作成してみました。キャットストリートの名前の由来は、この界隈に猫がたくさんいたからだそうです。

0.20.100.0　0.50.50.50　0.0.0.100

Section ＞ 描画方法⑥

Step 01　［ペン］ツールを使い、テープの端のギザギザ感を作ります。あまり規則的でなく、適当な形でざくざく描いてしまいましょう。さらに、作成したテープの端とテープの本体に相当する本体部分を重ね合わせ、［パスファインダ］パネルで結合させます❶。これを左右両端とも行います。

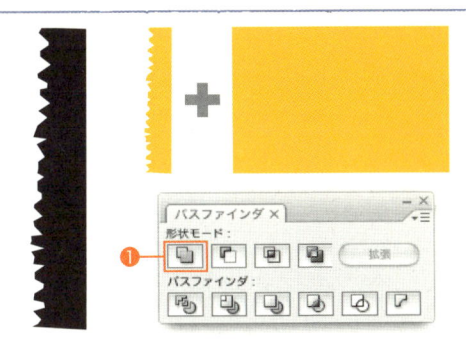

Step 02　テープ上に左右はみ出すように文字を配置させます。背面のテープのオブジェクトをコピーして前面へ配置し、全てのオブジェクトを選択して［オブジェクト］メニューから［クリッピングマスク］→［作成］を選び、マスク処理をします。

Step 03　Step02 で作成したオブジェクトを並べて道路を作ります。この時に、少しお互いを重ねるようにして、［透明］パネルで「乗算」を選択します。

memo

Step02 で通り名称を入れる際に、ランダムで文字の位置をずらしたものを幾つか用意すると、実際にテープを切り貼りしているような雰囲気が増します。

Recipe 38

風合い

マスキングテープで作る引っ越しお知らせ地図

1. 地図要素ごとにテープの色を決める
2. テープを貼って地図を作り、スキャナーで取り込む
3. 文字などの地図情報を配置する

使用フォント：Clarendon Roman、ITC American Typewriter Condensed、ITC American Typewriter Light Condensed、ITC American Typewriter Medium
場所：オリジナル

Recipe Sports Park

Recipe JCT

Park Street

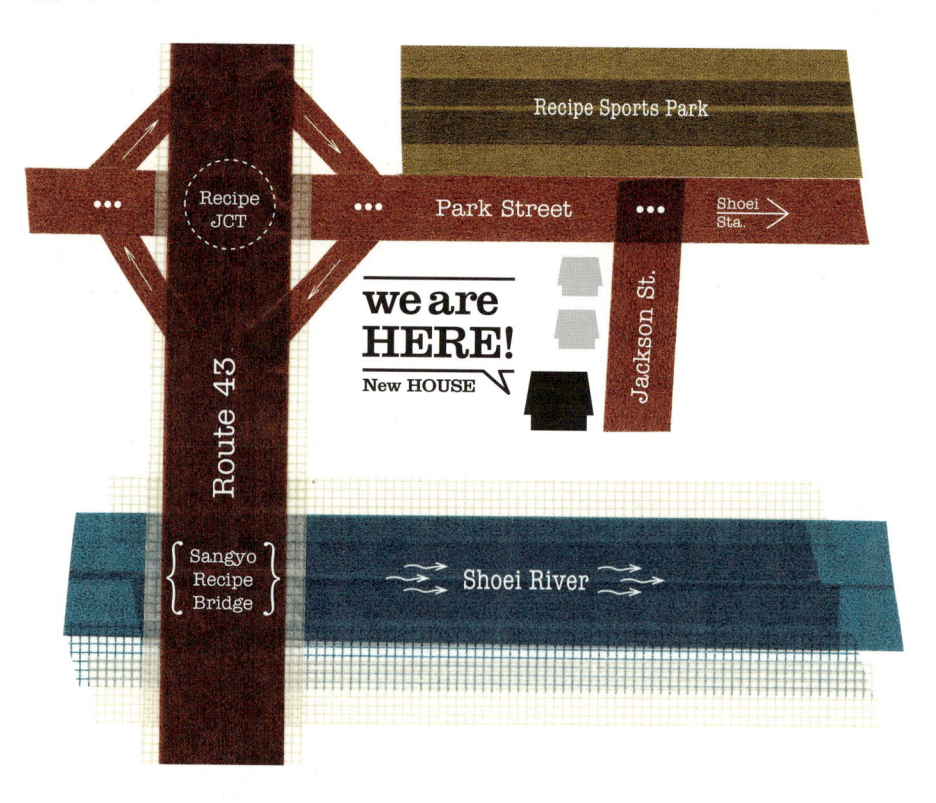

Shoei Sta.

Route 43

we are HERE!
New HOUSE

Jackson St.

Sangyo Recipe Bridge

Shoei River

自宅を新築したり、引っ越しをした際には、友人・知人へハガキで新住所を通知する機会があるでしょう。最近はメールで済ませてしまう人も多いでしょうが、せっかくですから指先を動かして手作りの温もりが感じられる地図でお知らせしてみましょう。

Section > 風合い①

Step 01 実際にテープを試し貼りして、色の重なり具合などを確認します。そのうえで、地図に必要な要素のテープを決めます。

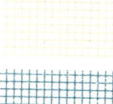

- 道路
- 公園
- 河川
- 高架・堤防
- 河原

Step 02 台紙にテープを貼り合わせて、地図のベースを作ります。マスキングテープは貼ってもすぐに剥がせるので、失敗してもやり直しが可能です。仕上がったら、スキャナーを用いて画像を取り込みます。今回は下絵ではなく、印刷を想定していますので解像度は原寸で350dpiにて取り込みます。

Step 03 スキャニングした地図データをイラストレータデータ上に配置して、地図情報を配置します。

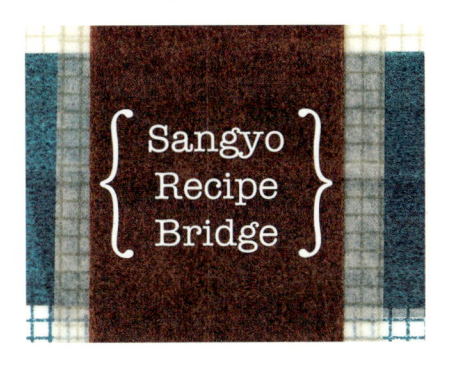

{ Sangyo Recipe Bridge }

Point 今回はカモ井加工紙株式会社から発売されているマスキングテープ「mt」シリーズを使用しています。

カモ井加工紙株式会社
http://www.kamoi-net.co.jp/
マスキングテープ「mt」
http://www.masking-tape.jp/

下ごしらえ　基礎レシピ　応用レシピ　資料集

Recipe 39

コルク栓で森や公園を描いた
横浜みなとみらい周辺地図

風合い

1. コルクにインクをつけて紙にスタンプ！
2. スキャンしたデータをライブトレースしてパスに変換する
3. 着色して地図に配置する

使用フォント：A-OTF ゴシック MB101 Pro R、A-OTF ゴシック MB101 Pro M、Helvetica 57 Condensed、Belizio Medium
場所：神奈川、横浜みなとみらい周辺

コルクをスタンプ代わりに使って、公園や緑地に広がる新緑のイメージを表現します。コルクの均質でない表面が程よい風合いを演出してくれます。サンプルは横浜市みなとみらい周辺の地図。緑あふれる地区と言うイメージで仕上げました。

80.30.100.0　60.20.100.0　30.0.100.0　0.0.10.10　0.0.20.20　60.40.100.0　0.0.0.60

Section ≫ 風合い②

3gyo Recipe

Step 01 コルク栓にインクをつけて紙にスタンプします。良く乾かしてからスキャナーで取り込み、画像ファイルとして保存します。

Step 02 先ほどのデータをIllustrator上に配置して、[オブジェクト]メニューから[ライブトレース]→[トレースオプション]を選択し、プレビューにチェックを入れ画像を確認しながらトレースします❶。トレースしたオブジェクトを[ライブトレース]→[拡張]でパスデータに変換します❷。

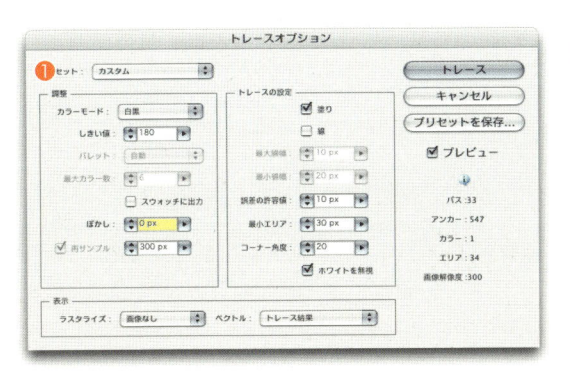

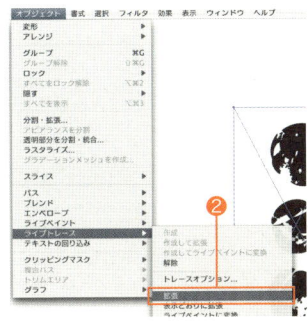

Step 03 パスデータになったオブジェクトを個別にグループ化します。あとはランダムに回転や拡大縮小、着色をして地図上の緑地に配置します。

memo
コルク栓は東急ハンズなどで1個50円から80円程度で購入出来ます。

Recipe 40

風合い

古く色褪せた雰囲気を演出した
フランス・ディジョンの地図

1 紙をスキャニングする

2 紙を地図の上に配置して地図サイズに合わせる

3 紙の描画モードを［乗算］にする

使用フォント：Adobe Caslon Pro、Univers 57 Condensed、Univers 47 Condensed Light Oblique
場所：フランス、ディジョン

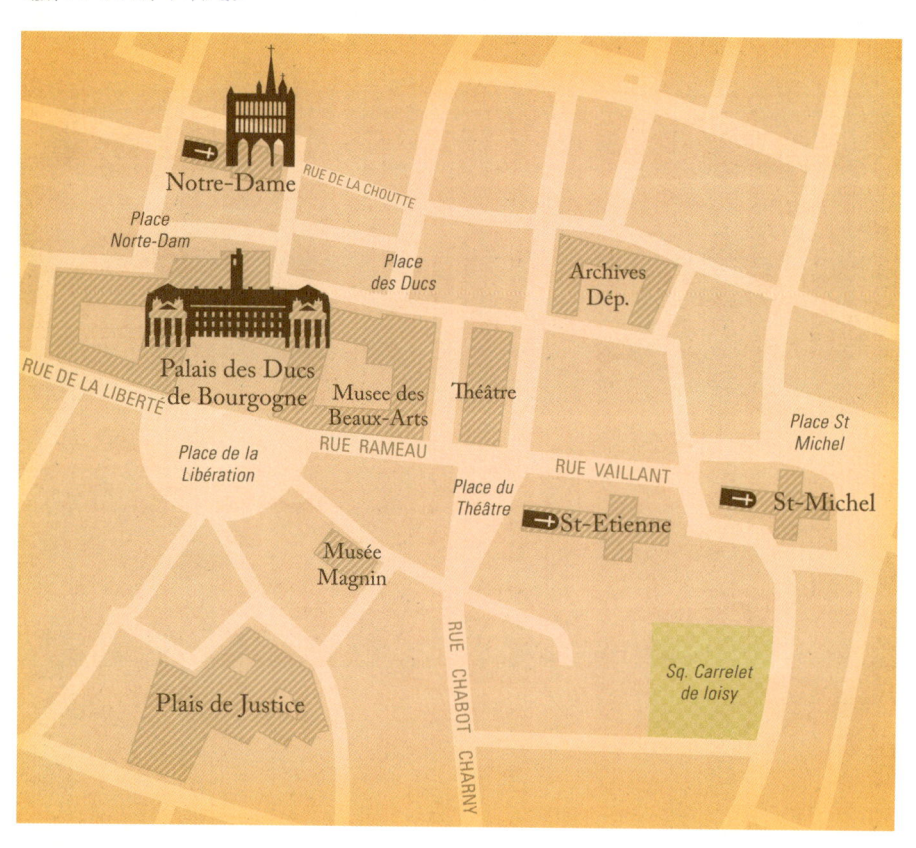

フランスのディジョンと言う街はとても古く歴史があるので、地図も歴史を感じさせるような色褪せた雰囲気を演出してみました。今回のサンプルで使用した紙は、著者が20年程前に使っていたワードプロセッサ用の感熱紙です。

Section > 風合い③

| Step 01 | 古紙をスキャニングします。紙の端が日に焼けているような状態の紙が望ましいです。古い紙がなければ、紙を焦がしてみたり、シワをつけてみても良いでしょう。 |

| Step 02 | 地図全てのオブジェクトの最前面にスキャニングした紙のデータを配置させます❶。次に地図のサイズに合わせて紙のデータを［変形］パネルで調整します❷。 |

| Step 03 | 紙のデータの描画モードを［透明］パネルで［乗算］に設定します。 |

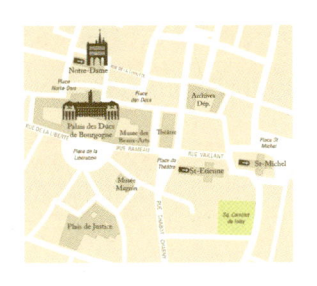

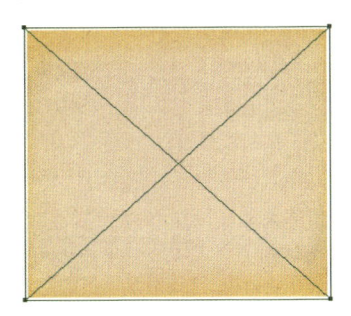

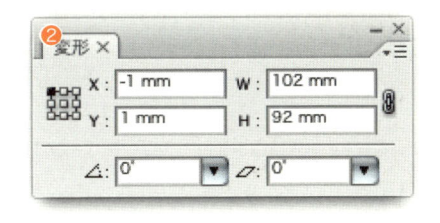

Point　Step02で紙のサイズを地図サイズに合わせて変形させることで、実際の紙が色褪せてきている端部分を、四辺全てに活かすことが出来ます。

Recipe 41

情報の分類

カテゴリー・アイコンの実例紹介
旅行記事のための分類アイコン

1 アイコンのベース枠を決定する

2 イラストを作図する

3 イラストをアイコンベースに配置する

使用フォント：Helvetica 67 Medium Condensed
場所：──

🪑	Design	✹	Entertainment
👓	History	🚶	Traveling Alone
👠	Fashion	⛰	Outdoor
👛	Reasonable	📖	Academic

旅行をテーマとした雑誌記事内で、各施設をジャンル分けするために作成したアイコンです。「ファッション」「アウトドア」「エンターテイメント」など、付加したい情報を整理しイラスト化することで、伝えたい内容を簡潔に表現することが出来ます。

0.0.0.100

Section > 情報の分類①

Step 01 アイコンのベースとなる角丸の正方形を作成します。[角丸長方形] ツールを選択し、ドキュメントの適切な場所でクリックすると、設定画面が現れます。幅と高さを 15mm、角丸の半径を 1.5mm に設定します。

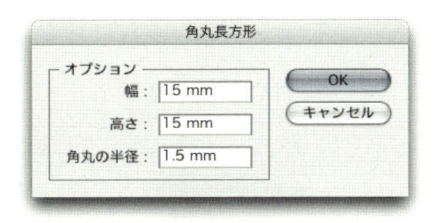

Step 02 アイコンの中身を作成します。サンプルには 8 個ありますが、その中のひとつ "Design" の作り方です。まず左側半分を [ペン] ツールで作図します。次に [リフレクト] ツールで水平方向に反転させグループ化させます。

Step 03 作成したベースとアイコンを選択し、[整列] パネルの [オブジェクトの整列] で [水平方向中央に整列] ❶と [垂直方向中央に整列] ❷を続けてクリックします。最後に中身のオブジェクトの塗りを白にします。

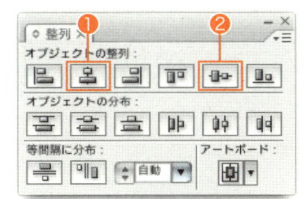

Arrange 雑誌「MyLOHAS」のニューヨーク特集で使用したアイコンです。雑誌のメインターゲットは 20 代〜 30 代の女性なので、線画も混ぜてディテールを細かくし、繊細さをプラスしています。

Food
Beauty
Cafe,Restaurant
Spiritual

Recipe **42**

情報の分類

カテゴリー・カラーの実例紹介
New York City Map

1 地図の配色を決める

2 カテゴリーを決め、カテゴリーごとの配色を決める

3 紹介ポイントを落とし込む

使用フォント：Courier std Medium、Courier std Medium Oblique、Courier std Bold、Futura Medium、Futura Book、A-OTF 中ゴシック BBB Pro Medium、A-OTF 太ゴ B101 Pro Bold

場所：アメリカ合衆国、ニューヨーク州、マンハッタン

雑誌の記事では、ある街を、ファッションやカルチャー、レストラン、ホテルなど多彩なジャンルで紹介するケースがあります。こちらは女性誌向けに作成した地図のカテゴリー・カラー分類の実例です。雑誌「Harper's BAZZAR 日本版」97 号「ニューヨーク特集」掲載。

| 0.100.30.0 | 80.80.0.0 | 10.60.100.0 | 60.0.100.0 | 60.80.80.0 | 0.0.0.70 | 90.10.0.0 | 20.100.0.0 | 0.80.60.0 | 0.80.0.0 | 3.18.3.0 | 0.5.100.0 | 0.0.0.40 | 0.0.0.60 |

Section ▶ 情報の分類②

Step 01　まずは、ベースとなる地図の配色を決定します。ピンク系をベースにしながらも淡いパープルなども利用して、雑誌のターゲットである大人の女性を意識しています。アクセントとして高速道路などにイエローを使いました。

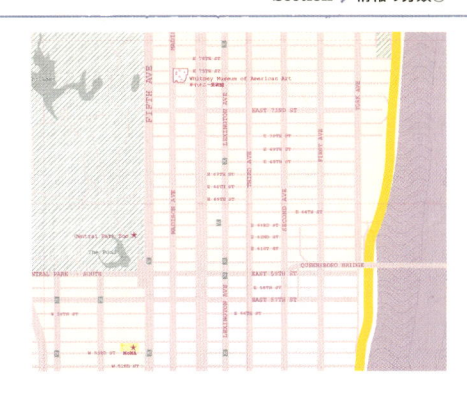

Step 02　紹介するカテゴリーを決定します。カテゴリーのカラーは背景の地図カラーに埋もれないように、濃いめの配色をします。一番数多くポインティングされるジャンルのカラーを最初に決めてから、他の色を順に決定していきます。今回はファッションが一番多く配置されるので、ファッションのピンクから決定していきました。

● Fashion
● Beauty
● Café & Restaurant
● Interiors
● Art
● Hotel
● Others

Step 03　地図に紹介ポイントを落とし込んでいきます。雑誌の場合、記事内で紹介するショップと地図内だけで紹介するショップの見せ方に差をつけます。今回は記事で紹介しているショップは、大きめの丸の中に連番を入れています。この番号は記事と連動させます。

34　特集記事で紹介するショップ
位置：墨のドット
名前：カテゴリーカラーの丸の中に番号
　　　マップ横に番号順に名前を併記して配置

Shop Name ●　Map内で紹介するショップ
位置：カテゴリーカラーのドット
名前：ドットの横に表記

Recipe 43

CMYK 配色の工夫

2色で見せるカテゴリー・カラーの実例紹介
Manhattan Map

1 情報の内容別に色を作成して、フルカラーで地図を作成する

2 色をモノトーンに変換する

3 アクセントカラーで紹介ポイントを配置する

使用フォント：Helvetica 57 Condensed、Clarendon Roman、Clarendon Light
場所：アメリカ合衆国、ニューヨーク州、ローワー・マンハッタン

レシピ42とほぼ同じエリアの地図ですが、こちらはマゼンタとスミ2色のみを使ってクールな配色にしています。雑誌の読者層や特集内容によってイメージを変化させています。雑誌「東京カレンダー」2008年1月号、特集「HIP NEW YORK」掲載。

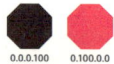

Section ＞ 配色の工夫⑦

Step 01 まずは地図を構成する内容を整理します。道路の種類、情報の種類、地形の種類ごとに細かく［スウォッチ］パネルで色を作成し、その配色の指示通りに地図を作成します。後でグレースケールに変更するので、情報に応じて各スウォッチカラーを割り当てるだけでかまいません。

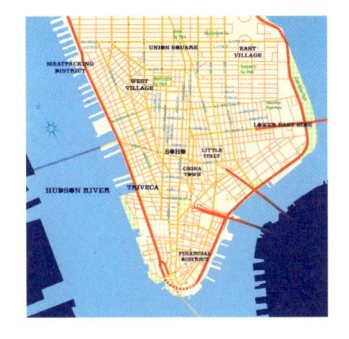

Step 02 プレビューを見ながら、各スウォッチカラーの設定をグレートーンに変換していきます。必ずしも全て違うグレーに設定にする必要はありません。微妙に濃度調整しながら、浮き上がってくる情報を調整します。

Step 03 最後にランドマークをスミ100％、紹介ポイントのナンバリングのフキダシをマゼンタ100％で配置します。

38 特集記事で紹介するショップ
M100

ランドマーク
K100

memo
少ない色数で表現する地図の場合、使用する色を決めてから作図する方法もあります。しかし、今回のように情報量が多い場合では、まず情報を整理して地図上に落とし込んでから、徐々に色数を減らし余計な贅肉を削ぎ落としていくような方法をとると、正確に作業を進めることが出来ます。

下ごしらえ／基礎レシピ／応用レシピ／資料集

115

Recipe 44

作業効率

レイヤー構成の実例紹介
ART & CULTURE YOKOHAMA MAP

1 印刷用のサイズに合わせて、ガイドとトンボを作成する

2 ページヘッダーデザインと地図サイズを決めマスクを作成する

3 地図要素と、記事情報を、内容で分けてレイヤーを作成する

使用フォント：ITC New Baskerville Bold、Helvetica ファミリー、A-OTF 中ゴシック BBB Pro Medium、A-OTF ゴシック MB101 Pro R、A-OTF ゴシック MB101 Pro M、A-OTF ネオツデイ Std R-KS、A-OTF ネオツデイ Std M-KS
場所：神奈川、横浜市中心繁華街

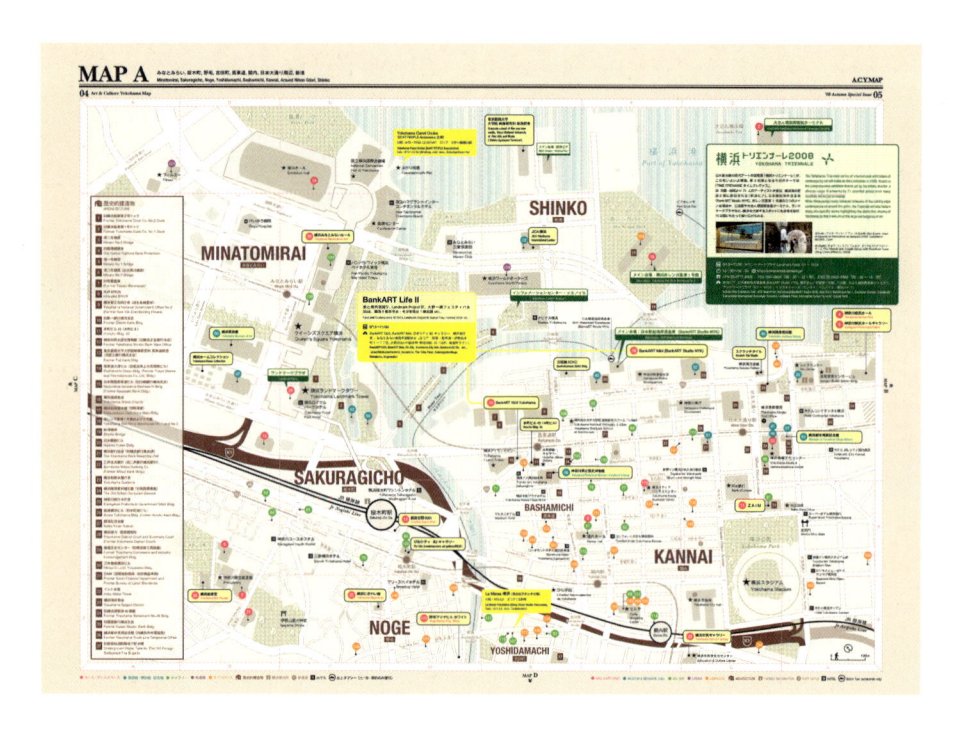

横浜市内を中心に無料配布されたアートマップです。各施設や横浜トリエンナーレ会場、市内アートイベント情報などを日本語と英語で掲載しています。この地図データを例にレイヤー構造を紹介します。「A.C.Y.MAP'08」秋特別号、発行元アーツコミッション・ヨコハマ。

Section ▶ 作業効率①

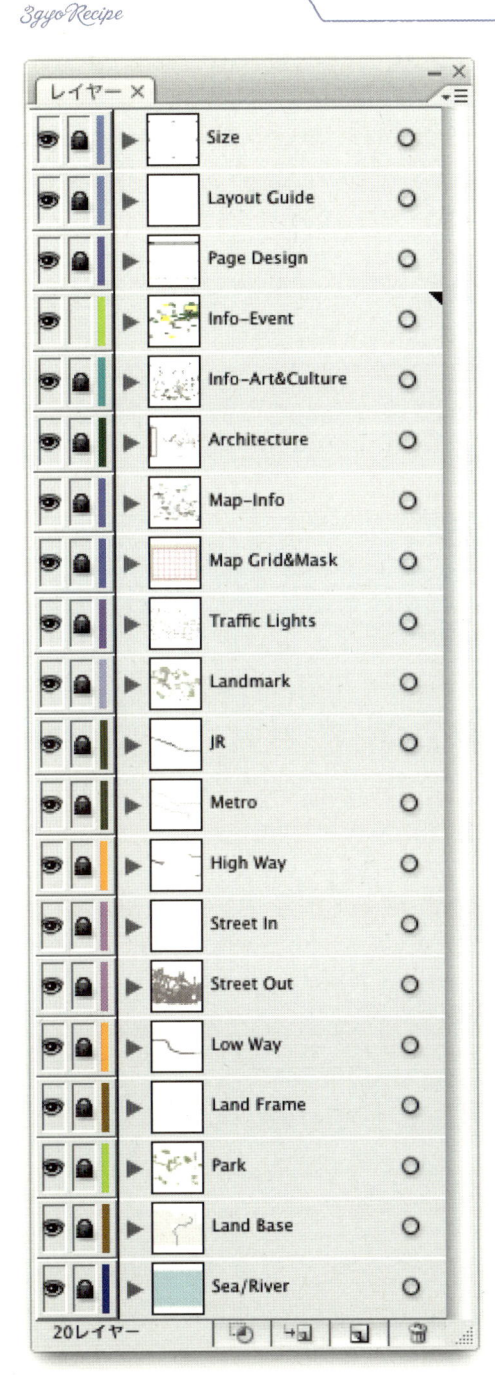

Size：
紙面サイズ、印刷用のトンボ

Layout Guide：
レイアウト用のガイドグリッド

Page Design：
ヘッダー（ページタイトルやノンブルなど）、フッター周りの要素

Info-Event：
横浜トリエンナーレ期間中の各種イベントに関する情報

Info-Art&Culture：
市内のアート＆カルチャー施設のポイント（カラードットの連番）

Architecture：
歴史的建造物の位置と名称一覧

Map-Info：
地図上の文字情報（エリア名や通り名、公園、ランドマーク施設など）

Map Grid&Mask：
地図用のマスクとポイント位置のナビゲーション用XY軸のグリッドライン＆フレーム

Traffic Lights：
交差点の信号機のマーク

Landmark：
各建物施設のシルエット

JR：
JR線の路線と駅（根岸線）

Metro：
地下鉄の路線と駅（ブルーラインとみなとみらい線）

High Way：
高速道路地上

Street In：
一般道路：袋線内側カラー

Street Out：
一般道路：袋線外側カラー

Low Way：
高速道路地下

Land Frame：
地形アウトライン（縁線）

Park：
公園・緑化エリア

Land Base：
地形カラー

Sea/River：
湾内と河川（横浜港、大岡川）

Recipe **45** — 作業効率

スウォッチパネルの実例紹介
Paris Map

1 　地図の基本カラーを決定する

2 　基本カラーを利用してパターンを作成する

3 　紹介ポイント＆ランドマークのカラーを作成する

使用フォント：Courier Std medium、Courier Std bold、Helvetica 57 Condensed、Helvetica 57 Condensed Oblique、Helvetica 67 Medium Condensed、ヒラギノ角ゴ Pro W3
場所：フランス、パリ

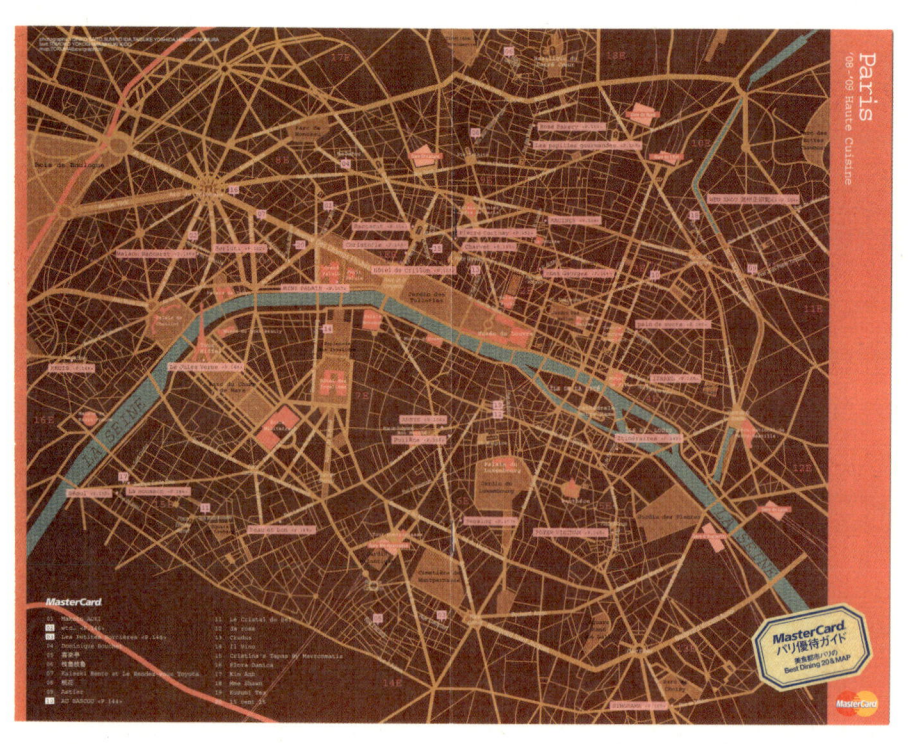

雑誌の綴込み付録に掲載されたパリの地図です。実際に手に持って街を散策するための冊子なので、表紙カバー部分に地図を掲載し利便性を向上させています。表紙なので大胆な配色にしているのが特徴です。雑誌「東京カレンダー」2008 年 8 月号綴込み付録「'08-'09 Haute Cuisine」掲載。

Section ▶ 作業効率②

Base1
最も濃い茶色。地図の背景、基本カラー

Base2
中間濃度の茶色。公園のパターンや道路上のアクセントに使用

Base3
薄い茶色（ベージュ）。道路の色に使用

Numbers
記事で紹介しているお店の連番、店名などに使用。アクセントカラー

Landmark
地図上のランドマークとなる建物のイラストや敷地エリアに使用

Landmark Info.
地図上のランドマークとなる建物のイラストや敷地エリアの名称表記

Traffic Info.
道路の名称表記

Seinu
セーヌ川

P/Park
公園の敷地を示すパターン。「Base2」カラーを使用

P/Seinu
セーヌ川を示すパターン。「Seinu」カラーを使用

Arrange 別冊付録と同じ内容の記事を、東京カレンダーのホームページ上でも公開したのですが、その際に同じ内容の地図をPDFでダウンロードさせ閲覧可能にする必要がありました。しかし、別冊の付録と同じ配色だと、一般家庭に普及しているインクジェットプリンターで出力すると文字が判読できなくなる可能性があるので、［スウォッチ］パネルを利用して、印刷時にインクのにじみが少なくなるような塗りの設定に変更させました。

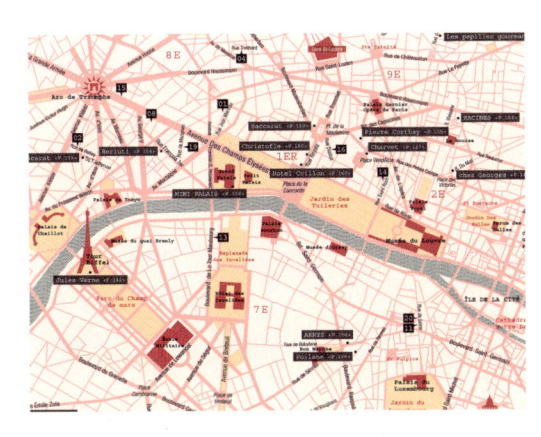

Archives 資料集

ここからは、地図作成に役立つ資料をまとめて紹介します。多くの作例や資料に触れて、自分なりの地図デザインを考える際の参考にしてみましょう。

様々な地図の表現

地図は、雑誌や書籍だけでなく、名刺やダイレクトメール、チラシ、公共施設での案内掲示板、インターネット上など、様々な場面で必要とされています。地図作成の際には、伝えたい情報や目的に合った表現をすることが求められます。ここでは、いろいろな場面で使われている地図のデザインを見てみましょう。

インタラクティブに操作出来るアニメーションマップ

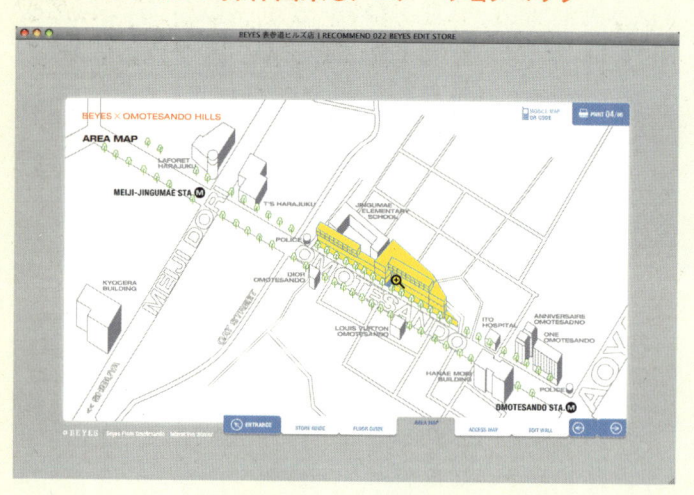

作者：bowlgraphics ／「BEYES 表参道ヒルズ Map」(http://www.beyes.jp/recommend/22/) よりフラッシュアニメーションを操作することで、広域マップやフロアガイドを自由に行き来出来る Web マップ。パース角度を統一することで複数のマップに連続性を持たせています。

Web コンテンツを配置した架空のタウンマップ

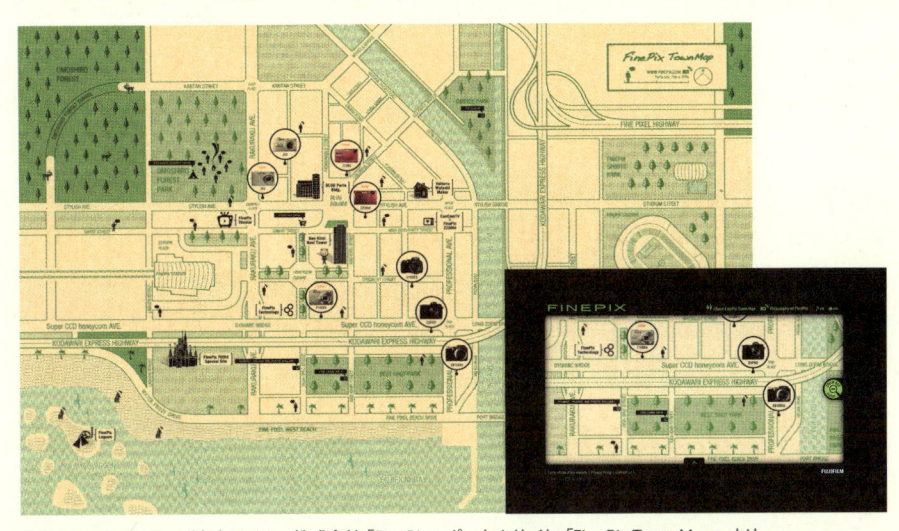

作者：bowlgraphics ／富士フイルム株式会社「FinePix」ポータルサイト「FinePix Town Map」より
アイコンをクリックすることで、製品情報などの Web コンテンツが見られる架空の地図です。ピクトグラム風のイラストレーションと少ない色数で効果的に情報が整理されています。なお期間限定サイトのため、現在は公開されていません。

3D 風にランドマークを表現したストリートマップ

作者：bowlgraphics ／スターツ出版株式会社、フリーマガジン「metro min.」No.18 より
通り沿いのビル群を、シンプルな線画で表現しています。紹介したい該当ビルにだけ色数を多く使用し、誇張的な表現をすることで、目線を誘導しています。

大胆な筆のラインを活かしたルートマップ

作者：bowlgraphics／スターツ出版株式会社、フリーマガジン「メトロミニッツ」No.35 より
歩く道のりを力強い筆跡で表現したルートマップです。筆のかすれ具合でスタート・ゴールを伝えています。

アナログ風に表現された分布マップ

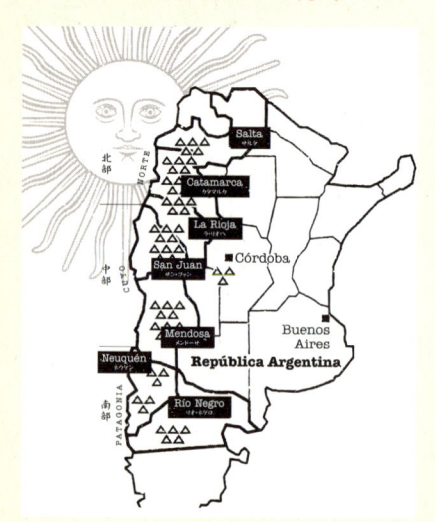

作者：bowlgraphics／株式会社美術出版社、雑誌「ワイナート」52号より
墨色だけのシンプルな地図ですが、かすれた表現などにより現地アルゼンチンの雰囲気を醸し出しています。

手描きのニューヨーク広域地図

作者：野本あや子／株式会社講談社、雑誌「FRaU」2009年1月号より
ランドマークだけではなく、地図上の要素全てを手描きで仕上げることで、柔らかい地図に仕上がっています。

スペインの食べ物分布をイラストで表現した地図

作者：平出紗英子／株式会社講談社、雑誌「TRANSIT」3号スペインフードマップより
全体の食材の配置加減とイラストのタッチがうまく融合して、良い雰囲気を出しています。

国旗のカラーを利用したスペインのイラストマップ

作者：橋本聡／旅番組のDVD付録イラストマップより
紹介国の国旗カラーをうまく利用したイラストレーションで、楽しいマップに仕上がっています。

楽しいイラストアイコンを使った園内マップ

横浜市立野毛山動物園 園内マップ
カラフルな動物のイラストと施設のピクトグラムにより情報が丁寧に整理されています。車いすのルートが点線で描かれているなど、親切な公共施設マップになっています。

横浜のアート散歩マップ（エリアマップ／詳細マップ）

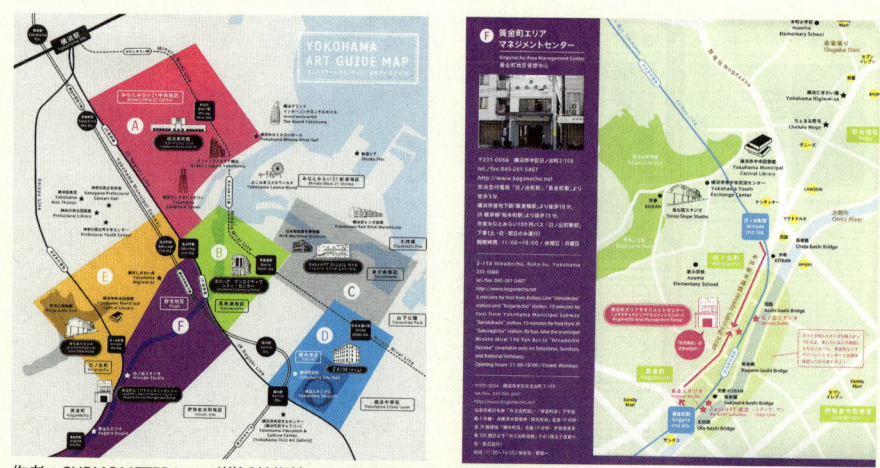

作者：SURMOMETER inc.／横浜美術館、YOKOHAMA ART GUIDE MAP より
エリア全体の地図とエリアごとの詳細地図の情報配分が優れた地図です。同じエリアには同じ色を使うなど、効果的で分かりやすい配色となっています。子供にも理解しやすいように、アイコンや文章が簡略化されています。

地図を効果的に配置したショップカード

ドンチッチョのセンター揃え、ソルレヴァンテの斜めと、小さなレイアウト上に地図がきれいに収まっています。また、どちらも北の方位が明記され親切なショップカードとなっています。

イタリア料理トラットリア シチリアーナ・
ドンチッチョ ショップカード

イタリア菓子専門店 SOL Levante ショップカード

江戸時代に描かれた歴史的な地図

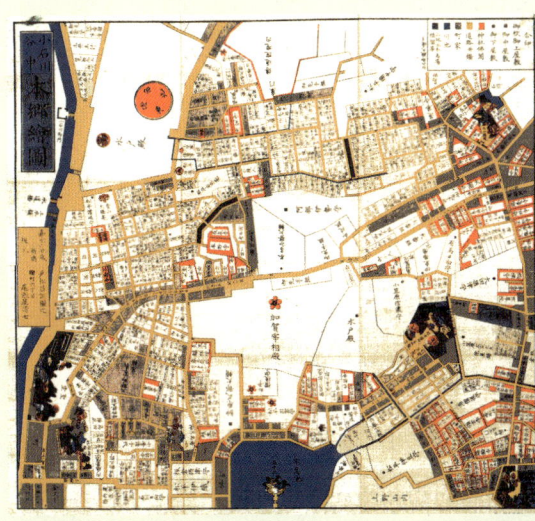

東京大学総合図書館所蔵資料／小石川谷中本郷絵図（左）、八町堀霊岸島箱崎浜町日本橋辺之図（右）
河川や道路、ランドマークと言った色の使い方が秀逸です。家紋なども効果的に用いながら、ビジュアル的に情報の差別化が行われています。

地図を作るための参考資料

地図を作る際に、自ら現地へ赴いて調べることができれば、それに越したことはありませんが、様々な制約から難しい場合が多いでしょう。そこで、手元にどれだけ多くの資料を集め、編集していけるかが重要になってきます。ここでは資料収集の方法を紹介します。

Web の地図サービスを使い分ける

Google Map をはじめとする Web サービスのおかげで、私たちは自宅に居ながら現地の情報を簡単に確認できます。多くの地図サービスがありますが、それぞれ特徴があるので、うまく使い分けて正確な地図を作成しましょう。

Yahoo! 地図　http://map.yahoo.co.jp/

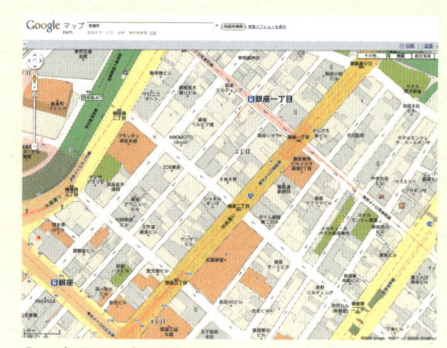

Google Map　http://maps.google.co.jp/maps

通りの名称や地下鉄の出入口を確認する場合は、Yahoo! 地図が便利です。通りの名称を青、地下鉄の出口番号や番地名を赤でわかりやすく表記しています。一方 Google Map にはストリートビュー機能があるため、ランドマークのイラストを作成する際に参考になります。下の画像は有楽町にある交番ですが、特徴的な建物を様々な角度から確認出来ます。

※いずれも 2009 年 9 月現在の情報です。

国土地理院のサービスを利用する

国内地図の基準を作成しているのが国土地理院です。実際に地図を作成する際に、元原稿が必要な際は、データを国土地理院より取り寄せ、承諾を得て作成することになります。詳細は国土地理院(http://www.gsi.go.jp)へお問い合わせください。また、この国土地理院もWeb上で地図サービスを展開しています。

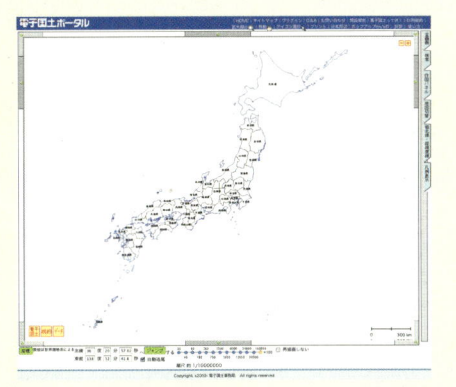

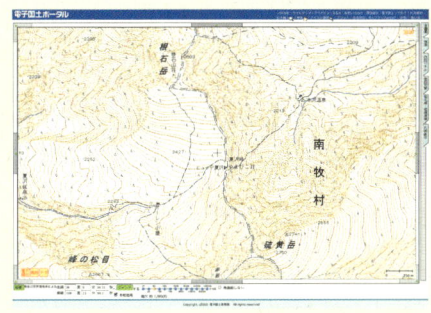

電子国土ポータル　http://portal.cyberjapan.jp

国の正確な測量事業により山岳部の等高線なども詳細に表示されるため、登山ルートマップなど作成する際にも、貴重な資料になります。

印刷された地図資料を収集する

やはり印刷物による情報も大変貴重です。写真は筆者の所有するマンハッタンに関する地図資料ですが、ひとつの都市だけでも様々な視点でクローズアップされた地図が存在します。これらは全て、交通情報を簡略化する際のさじ加減や、ランドマークは何をピックアップするかを決定する際の有効な資料となります。

ArtDirection：	宮嶋 章文
DTP：	株式会社アズワン
企画・編集：	関根 康浩、古賀 あかね

クリエイターのための3行レシピ
地図デザイン Illustrator & Photoshop

2009年10月20日　初版第1刷発行

著者	TOKUMA／bowlgraphics（トクマ／ボウルグラフィックス）
発行人	佐々木 幹夫
発行所	株式会社 翔泳社（http://www.shoeisha.co.jp）
印刷・製本	凸版印刷 株式会社

©2009 TOKUMA／bowlgraphics

＊本書は著作権法上の保護を受けています。本書の一部または全部について（ソフトウェアおよびプログラムも含む）、株式会社翔泳社から文書による許諾を得ずに、いかなる方法においても無断で複写、複製することは禁じられています。
＊本書へのお問い合わせについては、2ページに記載の内容をお読みください。
＊落丁・乱丁はお取り替えいたします。03-5362-3705までご連絡ください。
ISBN978-4-7981-1866-6 Printed in Japan.